U0795621

电工基础与技能

（初级）

主　编　刁　航

副主编　唐艳红　邓　宇　孙　静　康元博

参　编　袁　佳　孙　悦　杨　霞　范梦媛

马婕娜　幸中铃

北京交通大学出版社

·北京·

内 容 简 介

本教材主要根据《国家职业技能标准——电工》（初级）的考核要求进行编写，全书共分10个项目，包括认识电、安全用电、常用电工工具、电工测量工具介绍、常用低压电器介绍、变压器与三相异步电动机、常用电子元件及测量、电子产品手工焊接与装配、初级电路分析、初级电工典型任务实战等。内容难易适中，针对性强，可以作为技工院校初级工的专业课程教材，也可以作为初级电工职业技能鉴定的参考用书。

版权所有，侵权必究。

图书在版编目（CIP）数据

电工基础与技能 ：初级 / 刁航主编. -- 北京 ：北京交通大学出版社，2025. 7.
ISBN 978-7-5121-5606-7

Ⅰ. TM

中国国家版本馆CIP数据核字第2025BC5720号

电工基础与技能（初级）
DIANGONG JICHU YU JINENG (CHUJI)

责任编辑：刘　蕊
出版发行：北京交通大学出版社　　电话：010-51686414　　http://www.bjtup.com.cn
地　　址：北京市海淀区高梁桥斜街44号　　邮编：100044
印 刷 者：北京时代华都印刷有限公司
经　　销：全国新华书店
开　　本：185 mm×260 mm　　印张：10.75　　字数：262千字
版 印 次：2025年7月第1版　　2025年7月第1次印刷
印　　数：1—2 000册　　定价：46.00元

本书如有质量问题，请向北京交通大学出版社质监组反映。对您的意见和批评，我们表示欢迎和感谢。
投诉电话：010-51686043，51686008；传真：010-62225406；E-mail：press@bjtu.edu.cn。

前　言

在当今快速发展的电气化时代，电工技术作为现代工业、生活及科技发展的基石，从事电工方向工作的人越来越多，同时学习电工相关专业的学生也越来越多，每年参与电工工种职业技能鉴定的学员都在不断增加。然而，目前市面上还没有一本特别适合电工初学者参加电工工种（初级）职业技能鉴定的培训教材。因此，我们决定编纂一部全新的《电工基础与技能》（初级）教材，针对电工初学者，更容易理解，更容易上手，培养符合《国家职业技能标准——电工》（初级）考核要求的初级电工技能人才。

本教材的特点如下。

1. 理论知识以够用为主，将电工中宽泛的知识面进行了缩减，对初学者或自学者友好，容易理解。

2. 本教材以项目教学任务驱动模式编写，将整个知识体系分为了 10 个项目，循序渐进，逐个击破。

3. 本教材项目 3 至项目 10 每一个任务都配备了相关的任务书，保证读者在每一个任务中都有一个实操项目来检验自己的学习情况，并能够在操作中有所收获。

4. 本教材在评价模式上进行了创新，在教材中引入了评价环节，其中包括自评、组评、师评。老师可以根据评价表准确了解学生每个任务的掌握情况，学生也能够通过评价表了解自己的学习情况。

由于编者水平有限，书中难免存在疏漏与不足，恳请广大读者批评指正，以便今后修订提高。

编　者

2025 年 3 月

目　录

项目1　认　识　电

任务 1.1　电的概述

任务导入

在自然界中放电是一种常见的现象，比如闪电、静电等。随着科学技术的发展，人类从发现电到认识电、运用电能，到今天电能的应用已经渗透到生活和生产的所有领域。电能已成为人类最基本的能源，那么大家知道电能是怎么产生的吗？它有哪些分类和哪些特性呢？

任务目标

1. 了解电能的产生过程。
2. 了解电能的分类。
3. 掌握电能的特性。

任务描述

1.1.1　电能的概念

电能是由煤炭、石油、水力、太阳能、核能、风能等一次能源通过各种转换装置而获得的二次能源。常见的发电类型如图 1.1.1 所示。电能被广泛应用在动力、照明、化学、纺织、通信、广播等各个领域，是科学技术发展、人民经济飞跃的主要动力。电能在我们的生活中起到重大的作用。

1. 火力发电

火力发电的基本生产过程是：利用煤粉、石油、天然气等燃料在锅炉内燃烧，将其热量释放出来，传递给锅炉中的水，从而产生高温、高压蒸汽，蒸汽通过汽轮机又将热能转化为旋转动力，以驱动发电机输出电能。目前我国及世界上绝大多数国家仍以火力发电为主。

2. 水力发电

水力发电是通过水库或筑坝截流的方式来提高水位，利用水流的落差及流量去推动水轮机旋转并带动同步发电机发电，即利用水流的势能来发电。我国的三峡水电站（见图 1.1.2）是世界上规模最大的水力发电工程。

(a) 火力发电

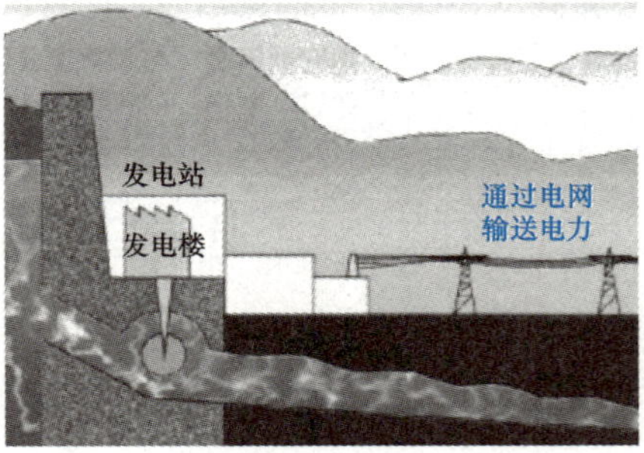

(b) 水力发电

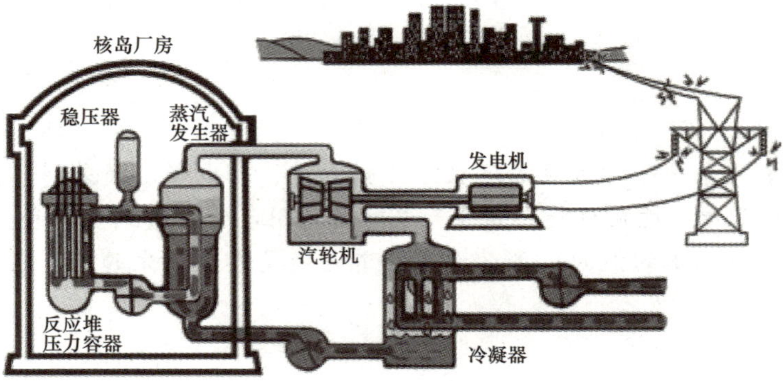

(c) 核能发电

图 1.1.1　常见的发电类型

图 1.1.2　三峡水电站

3. 核能发电

核能发电也称为原子能发电，是利用核燃料在反应堆中的裂变反应所产生的巨大能量来加热水，使之成为高温、高压蒸汽，再用蒸汽推动汽轮机旋转并带动同步发电机发电。核能发电具有消耗燃料少、发电成本较低的优点；但是也存在建站难度大、投资高、周期长等缺点。全世界目前核能发电量约占总发电量的 20%，核能可能是未来电能的发展趋势。

4. 新能源发电

太阳能、风能、地热等都是清洁能源，利用它们发电，不污染环境，有很好的开发前景。

利用电池板吸收光能转化为电能，再由并网逆变器把电能送入电网。这种光伏并网发电技术是光伏电源的发展方向。

1.1.2　电能的分类

电能的分类可以从不同的角度进行，主要包括以下几种。

（1）根据用途和性质不同，可以分为居民生活用电、一般工商业用电、大工业用电、农业生产用电等。居民生活用电包括城乡居民住宅用电、学校教学和学生生活用电、社会福利场所生活用电、宗教场所生活用电等。农业生产用电包括农业用电、林木培育和种植用电、畜牧业用电、渔业用电等。

（2）根据电源的性质不同，可以分为直流电（DC）和交流电（AC），如图 1.1.3 所示。直流电是大小和方向恒定不变的电流，如干电池、手机电源、蓄电池等；交流电是指大小和方向随时间变化而变化的电流，生活中常用到的交流电为正弦交流电。

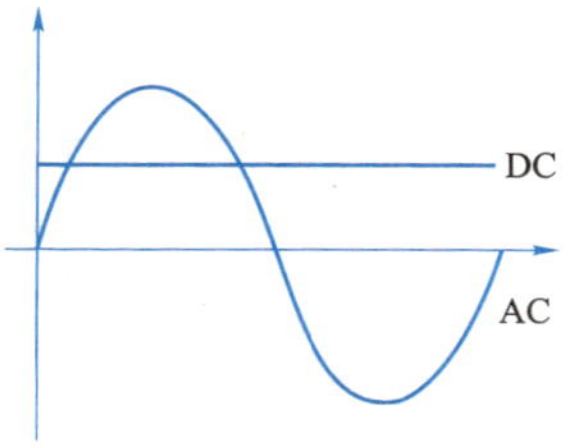

图 1.1.3　交/直流电

（3）根据电压的高低不同，可以分为高压电和低压电。高压电是指配电线路交流电压在 1 000 V 以上或直流电压在 1 500 V 以上的电接户线。低压电是指 1 000 V 以下的交流电或低于 1 500 V 的直流电。

（4）根据电流的大小不同，可以分为强电流和弱电流。强电流一般用于驱动马达、大功率设备等，而弱电流则主要用于信号传输、电子设备等小功率场合。

1.1.3　电能的特性

电能具有以下几个主要特性。

（1）远距离传输：电能可以通过电线或电缆进行远距离传输，这种方式相对简单且能量损失较小。

（2）转换方便：电能可以很容易地转换为其他形式，如热能或动能，转换设备的结构简单并且效率较高。

（3）易于控制和调节：电能的输送和分配既简单又经济，便于控制调节和测量，有利于实现生产过程的自动化。

（4）洁净能源：相较于其他一些能源，如化石燃料，电能是一种更为洁净的能源，不会产生有害气体或噪声污染。

（5）高效利用：电能的使用效率通常很高，这使得它成为一种重要的可再生资源。

（6）应用广泛：在工矿企业以及居民生活中，电能的应用非常广泛，包括但不限于工业生产、照明、家用电器和电子设备等。

（7）稳定性高：电能在发生和传输过程中的稳定性非常高，不易受天气变化的影响，因此在可靠性方面超过许多其他类型的能源。

任务总结

将本任务实施过程中的收获与问题总结填写在表 1.1.1 中。

表 1.1.1　收获与问题总结表

序号	我学会的	我的疑问	解决办法
1			
2			
3			
4			
5			

存在的问题：

____

____

____

任务 1.2　电路与电路中常见的物理量

任务导入

在生活中我们经常听到电流、电压、电动势等词语，这些词语到底反映了电的哪些特性呢？它们之间又有哪些关系呢？

选择两节干电池、开关、小灯泡、电压表、电流表、滑动变阻器、导线若干，组成图 1.2.1 所示电路。闭合开关观察电压表和电流表的读数，再改变滑动变阻器的阻值，观察一下电压表和电流表的指针变化。

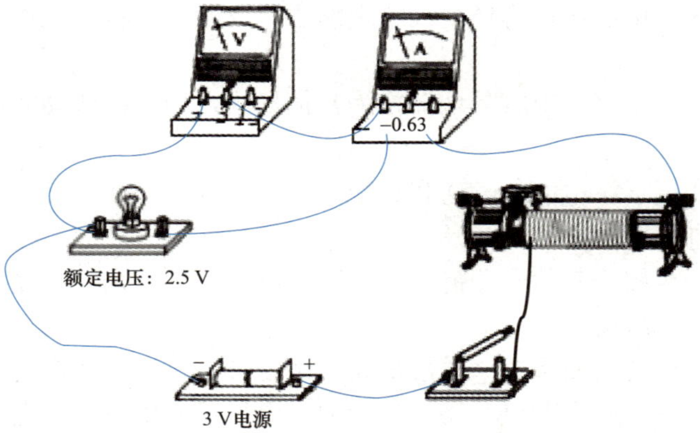

图 1.2.1　电压、电流测量实验电路

任务目标

1. 了解电路的组成结构。
2. 掌握电路中常见物理量的概念。
3. 掌握电路中常见物理量的计算公式。

任务描述

1.2.1 电路

电路是由各种元器件（或电工设备）按一定方式连接起来的总体，为电流的流通提供了路径。图 1.2.2 所示为电路的基本组成。

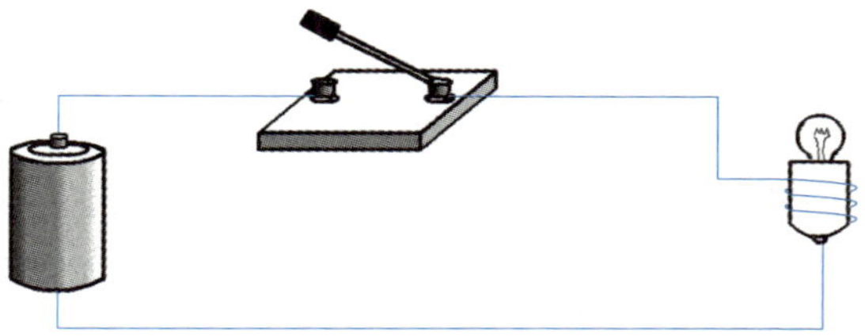

图 1.2.2 电路的基本组成

电路的基本组成包括以下四个部分。

（1）电源：为电路提供电能的设备和器件，如电池、发电机等。

（2）负载：使用电能的设备和器件，如灯泡、电动机等设备。

（3）控制器件：控制电路工作状态的器件或设备，如开关等。

（4）连接导线：将电器设备和元器件按一定方式连接起来，如用各种铜、铝电缆线等。

1.2.2 电路的状态

（1）通路（闭路）：电源与负载接通，电路中有电流通过，电气设备或元器件获得一定的电压和电功率，进行能量转换。

（2）开路（断路）：电路断开，电路中没有电流通过，又称为空载状态。

（3）短路：电源两端或电路中某些部分被导线直接相连，输出电流过大对电源来说属于严重过载，如没有保护措施，电源或电器会被烧毁甚至发生火灾，所以通常要在电路或电气设备中安装熔断器、保险丝等保险装置，以避免发生短路时出现不良后果。

1.2.3 电路中常见的物理量

1. 电流

电路中电荷沿着导体定向运动即形成电流，其方向规定为正电荷流动的方向（或负电荷流动的反方向），其大小等于在单位时间内通过导体横截面的电荷量，电流用符号 I 或 $i(t)$ 表示，讨论一般电流时可用符号 i。

$$I=\frac{q}{t} \tag{1-2-1}$$

式中：q——通过导体横截面的电荷量，单位是库仑，符号 C；

t——通过电荷量 q 所用的时间，单位是秒，符号 S；

I——电流，单位是安培，符号 A。

在国际单位制中，电流的常用单位还有 mA（毫安）和μA（微安）。

$$1\ \text{A} = 10^3\ \text{mA} = 10^6\ \mu\text{A}$$

习惯上规定正电荷的定向移动方向为电流方向。

2. 电压

电荷在电场中受到电场力的作用而移动时，电场力对电荷要做功，为了衡量电场力做功能力的大小，引入了电压这个物理量。它等于电场力将正电荷由 a 点移动到 b 点所做的功 W_{ab} 与被移动电荷 q 的比值。

$$U_{ab} = \frac{W_{ab}}{q} \tag{1-2-2}$$

式中：W_{ab}——电场力将 q 由 a 点移动到 b 点所做的功，单位是焦耳，符号 J；

U_{ab}——a、b 两点间的电压，单位是伏特，符号 V，在实际中还常用 kV、mV、μV。

$$1\ \text{kV}=1\ 000\ \text{V}$$

$$1\ \text{V}=10^3\ \text{mV}=10^6\ \mu\text{V}$$

规定电压的方向由高电位指向低电位，电压的方向可以用高电位指向低电位的箭头表示，也可以用“+”代表高电位，用“−”代表低电位。

3. 电位

讨论电位的问题需要先选择参考点（也称零电位点）。在点电荷电场中选择无穷远作为参考点，在电路中以大地或机壳作为参考点。

电场中电场力将正电荷由 a 点移动到参考点所做的功 W_a 与被移动电荷 q 的比值称为电位。

$$V_a = \frac{W_a}{q} \tag{1-2-3}$$

式中：V_a——a 点的电位，单位与电压相同都是伏特，符号 V 加该点下标名。

电位与电压之间的关系为

$$U_{ab} = V_a - V_b \tag{1-2-4}$$

4. 电动势

在电源内部，电源力不断地把正电荷从低电位移动到高电位，在这个过程中，电源力要反抗电场力做功，为了衡量电场力做功能力特引入了电动势这个物理量。用公式表示为

$$E = \frac{W}{q} \tag{1-2-5}$$

式中：E——电源电动势，单位与电压相同。

电动势存在于电源内部，从负极指向正极。

任务总结

将本任务实施过程中的收获与问题总结填写在表 1.2.1 中。

表 1.2.1　收获与问题总结表

序号	我学会的	我的疑问	解决办法
1			
2			
3			
4			
5			

存在的问题：

____

____

____

任务 1.3　电路中常用定律

任务导入

生活中我们经常用路程与时间的比值来衡量物体运动的速度，说明速度的大小与路程和所用的时间存在某种关系。我们还会用到其他定律来反映某些物理量之间的关系，或者反映某些物理量的变化特征。那么在电路中又有哪些常用的定律呢？

任务目标

1. 掌握电路中常用定律。
2. 掌握电路中常用定律的计算公式。
3. 能够熟练运用电路中常用定律。

任务描述

1.3.1　电阻定律

导体电阻的大小不仅和导体的材料有关，还和导体的尺寸有关。实验证明，在温度不变的情况下，一定材料制成的导体的电阻跟它的长度成正比，跟它的横截面积成反比，这一规律称为电阻定律。均匀导体的电阻用公式表示为

$$R = \rho \frac{L}{S} \tag{1-3-1}$$

式中：ρ——电阻率，由电阻材料的性质决定，单位是欧姆，符号Ω·m；

L——导体的长度，单位是米，符号 m；

S——导体的横截面积，单位是平方米，符号 m^2；

R——导体电阻，单位是欧姆，符号Ω。

在实际中还常用 kΩ（千欧）和 MΩ（兆欧）。

$$1\ \text{k}\Omega=10^3\ \Omega$$
$$1\ \text{M}\Omega=10^3\ \text{k}\Omega=10^6\ \Omega$$

1.3.2 欧姆定律

1. 部分电路欧姆定律

在图 1.3.1 所示电路中，电流 I 与电阻两端的电压 U 成正比，与电阻 R 成反比。这个从实验中得到的结论叫作部分电路欧姆定律，公式为

$$I=\frac{U}{R} \tag{1-3-2}$$

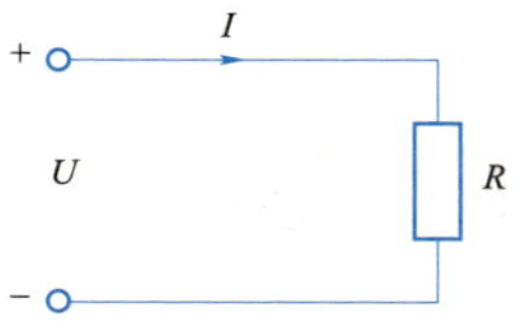

图 1.3.1 部分电路欧姆定律电路图

2. 全电路欧姆定律

一个由电源和负载组成的闭合电路叫作全电路，如图 1.3.2 所示。图中 R 为负载电阻，E 为电源，r 为电源内阻。电路闭合时（开关 S 闭合）电路中有电流 I。电源力做功把其他形式的能转换为电能，其中一部分能量消耗在内电路，另一部分能量消耗在外电路。

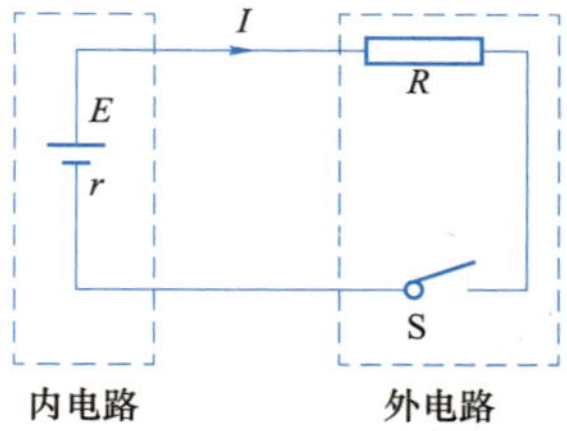

图 1.3.2 全电路欧姆定律电路图

因此得到

$$E=U_{内}+U_{外} \tag{1-3-3}$$

由部分电路欧姆定律可知

$$E=I(r+R) \tag{1-3-4}$$

即

$$I=\frac{E}{r+R} \tag{1-3-5}$$

式（1-3-5）说明，闭合电路中的电流与电源电动势成正比，与电路的总电阻成反比，这一规律叫作全电路欧姆定律。

3. 电能

如果加在导体两端的电压为 U，在时间 t 内通过导体横截面的电荷量为 q，导体中的电流 $I=\dfrac{q}{t}$，根据电压的定义式

$$U=\frac{W}{q} \tag{1-3-6}$$

可以得到

$$W=Uq=UIt \tag{1-3-7}$$

根据欧姆定律，可以将式（1-3-7）变换为

$$W=\frac{U^2}{R}t=I^2Rt \tag{1-3-8}$$

4. 电功率

为了描述电流做功的快慢程度，引入电功率这个物理量。电流在单位时间内所做的功称为电功率。如果在时间 t 内，电流通过导体所做的功为 W，那么电功率为

$$P=\frac{W}{t} \tag{1-3-9}$$

电功率的单位是瓦特，符号为 W。电功率的公式还可以变形为

$$P=UI=I^2R=\frac{U^2}{R} \tag{1-3-10}$$

5. 基尔霍夫电流定律

基尔霍夫电流定律也称为节点电流定律，简称 KCL。电路中任意节点 A，流入节点的电流之和等于流出该节点的电流之和，如图 1.3.3 所示。

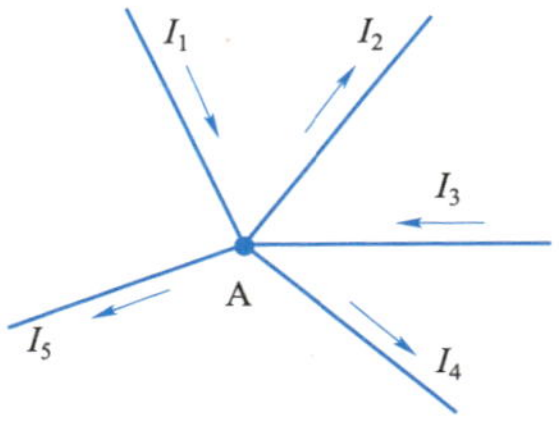

图 1.3.3　基尔霍夫电流定律

$$I_1+I_3=I_2+I_4+I_5 \tag{1-3-11}$$

基尔霍夫电流定律还有另外一种表述形式，即电路中任意节点流入与流出的电流代数和恒等于零，即

$$\sum I=0 \tag{1-3-12}$$

基尔霍夫电流定律可以扩展运用到任何一个闭合面，如三极管各引脚的电流关系。

6. 基尔霍夫电压定律

基尔霍夫电压定律又称为回路电压定律，简称 KVL。它确定了一个闭合回路中各部分电压间的关系，对任何一个闭合回路，沿任意回路绕行一周，各段电压的代数和恒等于

零，即

$$\sum U = 0 \tag{1-3-13}$$

任务总结

将本任务实施过程中的收获与问题总结填写在表 1.3.1 中。

表 1.3.1　收获与问题总结表

序号	我学会的	我的疑问	解决办法
1			
2			
3			
4			
5			

存在的问题：

____

____

____

项目 2　安全用电

任务 2.1　安全用电标识

任务导入

大家生活中是否见到过图 2.1.1 所示的标识呢？它们设置的目的是什么呢？除了这些安全标识，你还见过哪些类似的安全标识呢？

图 2.1.1　常见的安全标识

任务目标

1. 了解安全色及其含义。
2. 了解安全标识的构成及分类。

任务描述

安全标识是指在有触电危险的场所或容易产生误判断、误操作的地方，以及存在不安全因素的现场设置的文字或图形标识，起到提示或警示作用。

2.1.1　安全色

我国《安全色》（GB 2893—2008）中采用了红、黄、绿、蓝四种颜色作为安全色，具体含义和用途见表 2.1.1。

表 2.1.1　安全色的含义和用途

颜色	含义	用　途
红色	禁止 停止	禁止标识：如停止信号，机器、车辆上的急停按钮，禁止接触和防火标识等

续表

颜色	含义	用　途
黄色	警告 注意	警告标识：如警戒线、行车道中线、安全帽等
绿色	提示 通行 安全状态	提示标识：如安全通行标识、安全防护设备的位置等
蓝色	指令	指令标识：如必须佩戴个人防护用具、道路上指引车辆和行人行驶方向的指令等

2.1.2　导体色标

交流电有相序和火、零之分，直流电有极性之分。对于不同的导体用不同的颜色表示，详见表 2.1.2。

表 2.1.2　导体色标标识表

类　别	相序或极性	旧　标　准	新　标　准
交流电路	L1	黄	黄
	L2	绿	绿
	L3	红	红
	N	黑	淡蓝
直流电路	正极	红	棕
	负极	蓝	蓝
安全用接地线（PE）		黑	绿/黄

2.1.3　安全标识的构成及分类

安全标识是用以表达特定安全信息的标识，根据国家有关标准，安全标识由图形符号、安全色、几何形状（边框）或文字等构成。使用过程中，严禁拆除、更换和移动。

电力安全标识按用途可分为禁止标识、警告标识、指令标识和提示标识四大类，常悬挂于指定的场所。

1. 禁止标识

禁止标识的含义是禁止人们不安全行为的图形标识。禁止标识的基本形式是带斜杠的圆边框（其图形符号为黑色、背景为白色）。电力行业中部分常见的禁止标识见表 2.1.3。

2. 警告标识

警告标识的基本含义是提醒人们对周围环境引起注意，以避免可能发生危险的图形标识。警告标识的型式是三角形边框（其图形符号为黑色、背景为有警告意义的黄色）。电力行业中部分常见的警告标识见表 2.1.4。

表 2.1.3　常见的禁止标识

图形标志	名　称	图形标志	名　称
	禁止烟火		禁止触摸
	禁止启动		禁止靠近

表 2.1.4　常见的警告标识

图形标志	名　称	图形标志	名　称
	注意安全		当心触电
	当心火灾		当心电缆

3. 指令标识

指令标识的含义是强制人们必须做出某种动作或采用防范措施的图形标识。指令标识的基本形式是圆形边框（其背景为具有指令含义的蓝色、图形符号为白色）。常见的指令标识见表 2.1.5。

表 2.1.5　常见的指令标识

图形标志	名　称	图形标志	名　称
	必须戴防护眼镜		必须系安全带
	必须戴防护手套		必须穿防护服

4. 提示标识

提示标识的含义是向人们提供某种信息的图形标志。提示标志的基本形式是正方形边框（其背景为绿色、图形符号及文字为白色）。常见的提示标识见表 2.1.6。

表 2.1.6　常见的提示标识

图形标志	名　称	图形标志	名　称
	紧急出口（左向）		紧急出口（右向）
	避险处		可动火区

任务总结

将本任务实施过程中的收获与问题总结填写在表 2.1.7 中。

表 2.1.7　收获与问题总结表

序号	我学会的	我的疑问	解决办法
1			
2			
3			
4			
5			

存在的问题：

____

____

____

任务 2.2　触电与触电处理

任务导入

人体是由 60%以上的导电物质和水分组成的，因此人体是导体，当人体通过超过 30 mA 的电流时，就会受到伤害。当今社会人们生活和工作中都离不开电，如果不懂安全用电，用电不当，可能会给人们带来灾难。

任务目标

1. 了解什么是触电。
2. 了解触电的类型。
3. 掌握人体的安全电压和安全电流。
4. 掌握触电的急救方法。

任务描述

2.2.1　触电的概念

如图 2.2.1 所示，触电是指当电流流经人体时，使人体遭受皮肤表面灼伤或者内脏受损等伤害。人体触电轻者会感到麻痹疼痛，重者会导致昏迷或死亡。

图 2.2.1　触电

2.2.2　触电的分类

触电根据伤害程度的不同可分为电击和电伤。

（1）电击是由于电流通过人体而造成的内部器官在生理上的反应和病变，绝大部分触电死亡事故都是由电击造成的。

电击又可分为直接电击和间接电击两种：直接电击是指人体直接触及正常运行的带电体所发生的电击；间接电击则是指电气设备发生故障后，人体触及意外带电部分所发生的电击。因此，直接电击也称为正常情况下的电击，间接电击也称为故障情况下的电击。

（2）电伤是指由电流的热效应、化学效应或机械效应对人体外表造成的局部伤害，它常常与电击同时发生。最常见的电伤有电灼伤、电烙印、皮肤金属化三种类型。

2.2.3　触电的原因

人体触电的原因主要有以下几点。

（1）没有遵守安全工作规程，人体直接接触或过于靠近电气设备的带电部分。

（2）电气设备安装不符合规程的要求，带电体对地距离不够。

（3）人体触及因绝缘损坏而带电的电气设备外壳和与之相连接的金属构架。

（4）靠近电气设备的绝缘损坏处或其他带电部分的接地短路处，遭到较高电位引起的伤害。

（5）对电气常识不懂或一知半解，乱拉电线、乱动电器用具等造成触电。

2.2.4　触电的形式

根据人体触电的形式不同，可以将触电分为单相触电、两相触电、跨步触电三种。

1. 单相触电

人体的一部分接触带电体时，另一部分与大地或中性线相接，电流从带电体流经人体到大地形成回路，这种触电称为单相触电，如图 2.2.2 所示。

2. 两相触电

如果人体的不同部位同时接触两相电源带电体，所引起的触电称为两相触电，如图 2.2.3 所示。这时人体所承受的电压是 380 V，将比单相触电时的 220 V 电压要高，危害更大。

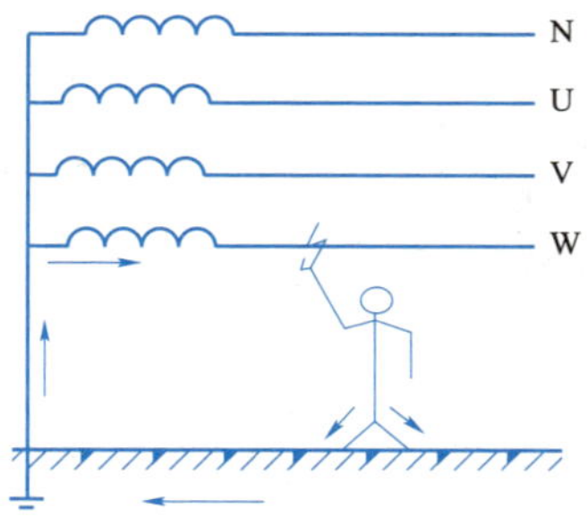

图 2.2.2　单相触电

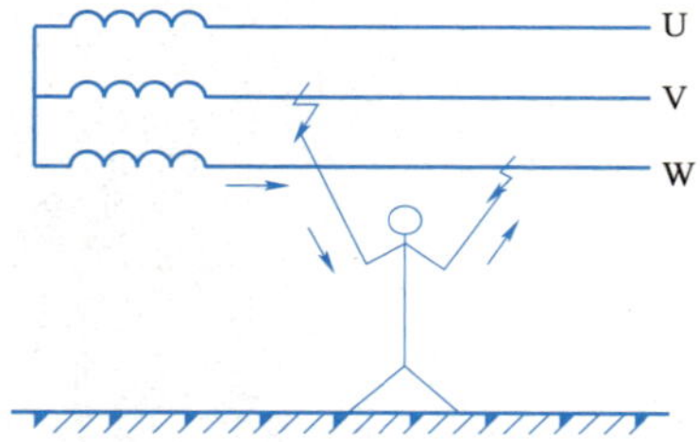

图 2.2.3　两相触电

3. 跨步触电

当高压线断落到地面时，会在导线接地点及周围形成强电场，其中，接地点电位最高，距离越远电位越低。当人与动物跨进这个区域时，两脚跨步之间将存在一个跨步电压，使人或动物产生跨步触电，如图 2.2.4 所示。

图 2.2.4　跨步触电

2.2.5 安全电流和安全电压

1. 安全电流

电流对人体的伤害程度与流经人体的电流强度、持续时间、电压大小、频率、人体电阻、通过人体的路径及人体的状况因素相关。

通过人体的电流越大，人体反应越明显，感觉越强烈，引起心室颤动所需要的时间越短，触电的危害越大。不同强度的电流通过人体时产生的反应不同，详见表 2.2.1。

表 2.2.1 人体对不同电流的反应

电流/mA	交流电（50Hz）	直流电
0.6～1.5	手指开始感觉发麻	无感觉
2～3	手指感觉强烈发麻	无感觉
5～7	手指肌肉感觉痉挛	手指感觉灼热和刺痛
8～10	手指关节与手掌感觉痛，手已难以脱离电源，但尚能摆脱电源	感觉灼热增加
20～25	手指感觉剧痛，迅速麻痹，不能摆脱电源，呼吸困难	灼热感更增，手的肌肉开始痉挛
50～80	呼吸麻痹，心室开始震颤	强烈灼痛，手的肌肉痉挛，呼吸困难
90～100	呼吸麻痹，持续 3 s 后或更长时间后心脏麻痹或心房停止跳动	呼吸麻痹
＞500	延续 1 s 以上有死亡危险	呼吸麻痹，心室颤动，心跳停止

2. 安全电压

为了使通过人体的电流不超过安全电流值，我国把安全电压的额定值分为 6 V、12 V、24 V、36 V 和 42 V 五种等级。人体安全电压对照表见表 2.2.2。

表 2.2.2 人体安全电压对照表

安全电压（交流有效值）/V		选 用 举 例
额定值	空载上限值	
6	8	人体需要长期触及器具上带电体的场所
12	15	
24	29	工作面积狭窄且操作者易大面积接触带电体的场所，如锅炉、金属容器内
36	43	潮湿场所，如矿井、多导电粉尘及类似场所使用的行灯等
42	50	在有危险的场所使用的手持电动工具

2.2.6 触电急救

1. 使触电者脱离电源的方法

一旦发现有人触电，最要紧的急救措施是使触电者尽快脱离电源。根据现场情况的不同，通常采用拉、切、挑、拽、垫等五种方法，如图 2.2.5 所示。

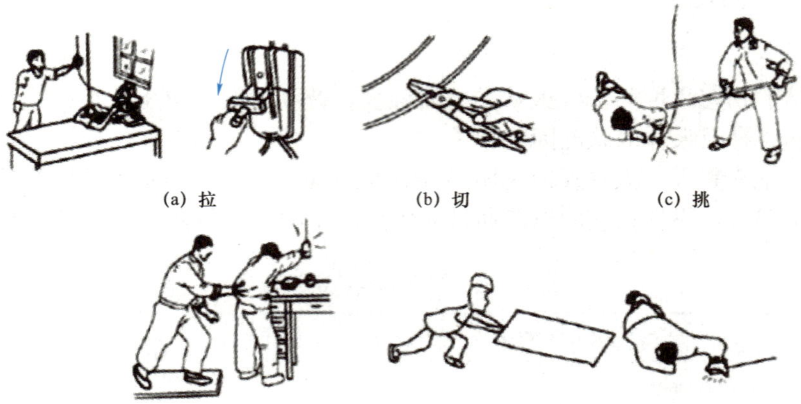

(a) 拉　(b) 切　(c) 挑

(d) 拽　(e) 垫

图 2.2.5　拉、切、挑、拽、垫的方法

（1）拉：附近有电源开关或插座时，应立即拉下开关或拔掉插头。

（2）切：若一时找不到电源的开关，应迅速用绝缘完好的钳类工具剪断电线来断开电源。

（3）挑：如果导线搭落在触电者身上，可以用干燥的木棍、竹竿等挑开导线，从而使带电体脱离触电者。

（4）拽：救护人时可戴上绝缘手套或在手上包缠干燥的衣物，站在干燥的木板上拖拽触电者的衣服，使之脱离电源，但不可以触及触电者的皮肤。

（5）垫：如果导线缠绕在触电者身体上，救护者可以用干燥的木板塞进触电者身下，使其与地绝缘，然后再采取其他办法切断电源，使触电者脱离带电体。

2. 触电急救的方法

1）简单诊断

首先将脱离电源的触电者移动到通风、干燥处，使其仰卧，松开上衣和裤带。然后观察触电者的瞳孔是否放大。当处于假死状态时，人体大脑细胞严重缺氧，需进行两人急救：每 5 s 吹气一次，每 1 s 按压一次，两人同时进行。当处于死亡边缘时，瞳孔自行放大。最后观察触电者有无呼吸存在，摸一摸颈部的颈动脉有无搏动。

2）有心跳无呼吸

对于有心跳无呼吸的触电者，应采用口对口人工呼吸法进行急救，如图 2.2.6 所示。

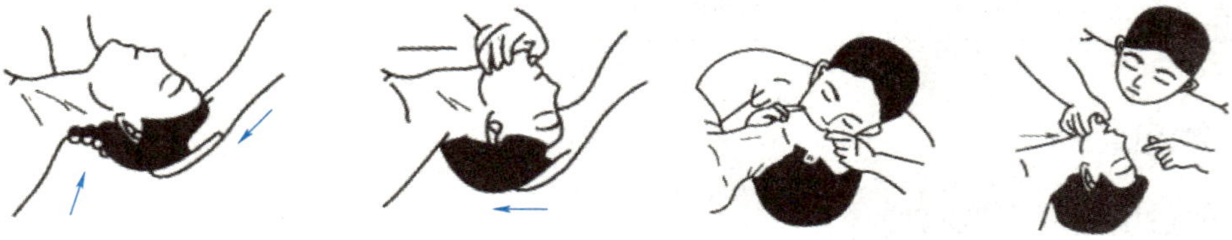

图 2.2.6　口对口人工呼吸法

使触电者仰卧，颈部枕垫软物，头部偏向一侧，松开衣物和裤带，清除触电者口中的异物。抢救者跪在触电者一边，使触电者鼻孔朝天后仰。

用一只手捏紧触电者的鼻子，另一只手托在触电者颈后，将颈部上抬，深深吸一口气，用嘴紧贴触电者的嘴，大口吹气。

放松捏着鼻子的手，让气体从触电者肺部排出，如此反复进行，每 5 s 吹气一次，坚持连续进行，不可间断，直到触电者苏醒为止。

3）有呼吸无心跳

对于有呼吸无心跳的触电者，应采用胸外心脏按压法进行急救，如图 2.2.7 所示。

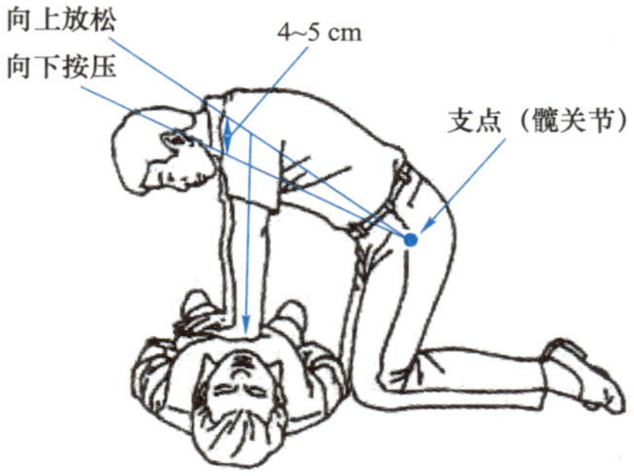

图 2.2.7　胸外心脏按压法

使触电者仰卧在硬板上或地上，颈部枕垫软物使头部稍后仰，松开衣服和裤带，急救者跨跪在触电者腰部。

急救者将右手掌根部按于触电者胸骨下 1/2 处，中指指尖对准其颈部凹陷的下缘，左手掌复压在右手背上。

掌根用力下压至少 5 cm，然后突然放松。按压与放松的动作要有节奏，每分钟至少 100 次，必须坚持连续进行，不可中断。

在向下按压的过程中，将肺内空气压出，形成呼气。停止按压，放松后，由于压力解除，胸廓扩大，外界空气进入肺内，形成吸气。

4）无呼吸又无心跳

对于无呼吸又无心跳的触电者，应同时采用口对口人工呼吸法和胸外心脏按压法进行急救，如图 2.2.8 所示。

单人急救：两种方法应交替进行，即先按压心脏 30 次，再吹气 2 次，且速度都应快些。

双人急救：每 5 s 吹气一次，每 1 s 按压一次，两人同时进行。

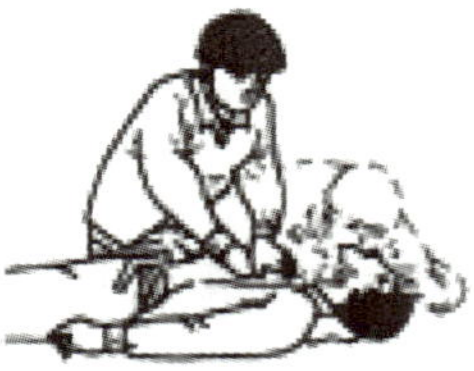

(a) 单人急救

(b) 双人急救

图 2.2.8　单人急救和双人急救

任务总结

将本任务实施过程中的收获与问题总结填写在表 2.2.3 中。

表 2.2.3　收获与问题总结表

序号	我学会的	我的疑问	解决办法
1			
2			
3			
4			
5			

存在的问题：______________________________

____

____

项目 3　常用电工工具

任务 3.1　验电笔的使用

任务导入

为了确保电工作业的安全，电工在操作前首先要对检修设备和线路进行验电，判定设备和线路不带电以后才能进行作业。在 60～500 V 工作环境中常用到的验电设备是验电笔，简称电笔。

任务目标

1. 了解验电笔的结构。
2. 熟悉验电笔的工作原理。
3. 掌握验电笔的使用方法。

任务准备

3.1.1　验电笔的结构

常见的验电笔有螺钉旋具式、数显式两种。

1. 螺钉旋具式验电笔

螺钉旋具式验电笔是最常见的低压验电工具，它主要由氖管、电阻、弹簧、金属笔尖、笔尾等构成，如图 3.1.1（a）所示。

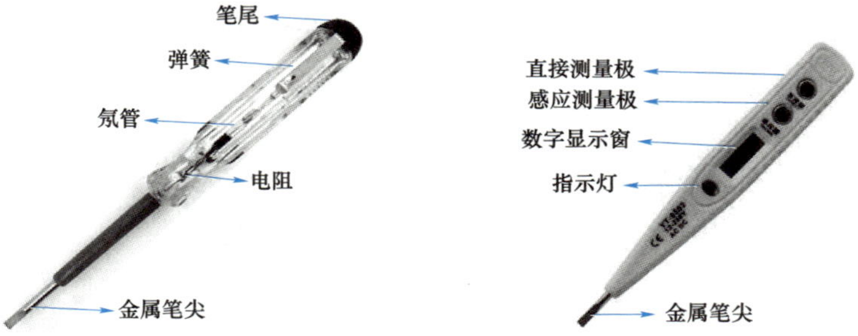

(a) 螺钉旋具式验电笔　　(b) 数显式验电笔

图 3.1.1　常见验电笔的结构

2. 数显式验电笔

数显式验电笔主要作用是做断点测量的验电工具，它主要由金属笔尖、指示灯、数字显示窗、感应测量极、直接测量极组成，如图 3.1.1（b）所示。

3.1.2　验电笔的工作原理

1. 螺钉旋具式验电笔的工作原理

当验电笔接触带电体时，带电体通过验电器、人体和大地之间形成 60 V 以上的电位差，从而产生电场，验电器在电场的作用下使氖管发光。

2. 数显式验电笔的工作原理

当数显式低压验电器的金属笔尖接触或靠近带电体时，金属笔尖会感应到带电体周围的电场。在电场的作用下，探头中的电荷会发生移动，形成一个微弱的电流。感应到的微弱电流首先经过验电器内部的放大电路进行放大，以提高测量的灵敏度。然后，经过模数转换器（ADC）将模拟信号转换为数字信号，以便进行数字化处理。处理后的数字信号被传输到数显式低压验电器的显示屏上，以数字的形式直接显示出带电体的电压值。

3.1.3　验电笔的使用方法

1. 使用前的准备

（1）检查验电笔。使用前，必须在有电处对验电笔进行测试，以证明该验电笔确实良好，方可使用。同时，确保验电笔的工作触头金属部位绝缘套保护管完好，防止在测量电源时手指误碰工作触头金属部位，从而避免触电伤害事故的发生。

（2）选择合适的环境。在强光下验电时，应采取遮挡措施，以防误判断。同时，验电笔应放置在干燥处，避免受潮影响使用效果。

2. 正确的使用方法

（1）握笔姿势：使用低压验电笔时，应用手指触及笔尾的金属体，使氖管小窗背光朝自己。同时，保持笔身稳定，避免晃动影响测量结果。正确握笔姿势与错误握笔姿势如图 3.1.2 所示。

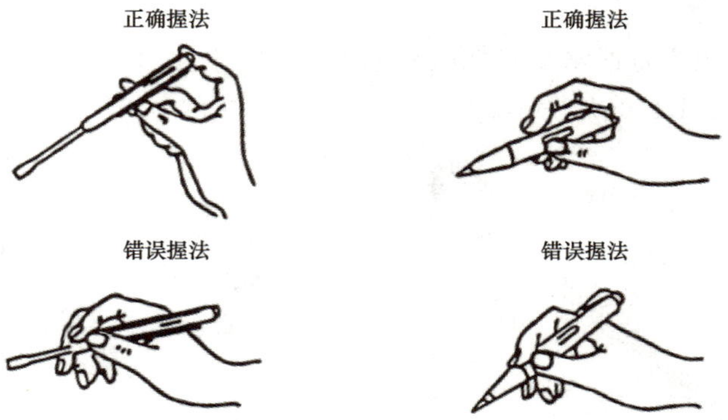

(a) 螺丝刀式握法　　(b) 钢笔式握法

图 3.1.2　正确握笔姿势与错误握笔姿势

（2）验电操作：

① 将验电笔笔尖金属部分接触被测物体，如电线、插座等；

② 注意保持人体与带电体之间的安全距离，切勿直接接触带电体；

③ 观察验电笔上的氖管是否发光。如果氖管发光，表示被测物体带电；如果氖管不发光，表示被测物体不带电或电压低于验电笔的感应范围。

3. 注意事项

（1）电压范围：低压验电笔只适用于检验 500 V 以下的低压电，切勿用它去接触高压，否则将很危险。

（2）避免短路：验电笔顶端金属部分不能同时搭在两根导线上，以免造成相间短路。

（3）保持清洁：验电笔在使用完毕后要保持清洁，并放置在干燥处，严防摔碰。

任务实施

请根据任务单要求完成实训操作。

<table>
<tr><td>任务名称</td><td colspan="3">验电笔的使用</td></tr>
<tr><td>学生姓名</td><td></td><td>学号</td><td></td></tr>
<tr><td colspan="4">1. 任务内容
根据实训室电工工位提供的验电笔、交流电源和故障板进行验电操作。
</td></tr>
<tr><td colspan="4">2. 实训操作
根据操作项目要求正确完成验电笔的使用实操任务，记录检测结果。</td></tr>
</table>

任务评价

本人、组长、老师分别根据任务完成情况在表 3.1.1 中进行任务评价。

表 3.1.1　任务评价表

序号	操作项目	检测结果	自评	组评	师评	总评	备注
1	验电笔的检查						
2	验电笔的使用方法						
3	交流电源的验电情况						
4	故障电路板的验电情况						
得分							

任务总结

将本任务实施过程中的收获与问题总结填写在表 3.1.2 中。

表 3.1.2　收获与问题总结表

序号	我学会的	我的疑问	解决办法
1			
2			
3			
4			
5			

存在的问题：

____

____

____

任务 3.2　常用电工旋具的认识

任务导入

在电工作业过程中很多时候需要将螺钉进行旋紧或拧松的操作，这个时候用到的专业工具叫作旋具，也叫起子、改锥或螺丝刀。

任务目标

1. 能够认识电工旋具的类别。
2. 掌握电工旋具的使用方法。

任务准备

3.2.1　电工旋具的分类

电工旋具是专门用于电气安装和维修工作中紧固或拆卸螺钉的工具，如图 3.2.1 所示。根据头部形状的不同，电工旋具主要分为一字形和十字形两种，其中一字形刀头可以得到较大的扭矩，但容易滑脱；十字形刀头定位准确，因此在电动、气动工具上得到广泛的运用。此外，还有磁性旋具等特殊类型。磁性螺钉旋具刀头焊有磁性金属材料，可以吸住待拧紧或拆下的螺丝，能准确定位，使用方便。电工常用的旋具规格有 50 mm 和 150 mm 两种。

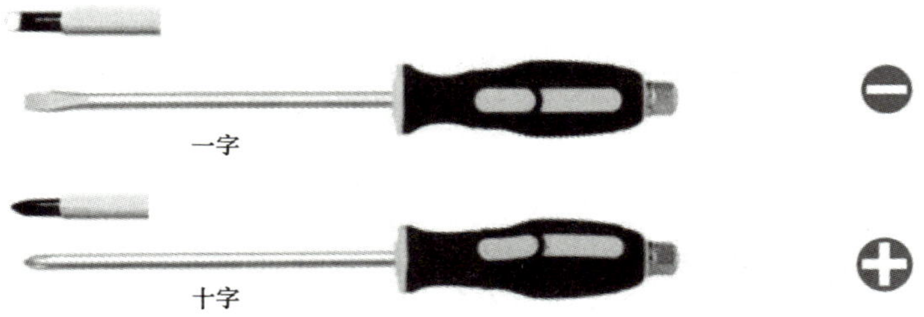

图 3.2.1　常用的电工旋具

3.2.2　旋具的使用方法

（1）大螺钉旋具的使用：一般用来紧固较大的螺钉。使用时，除大拇指、食指和中指要夹住握柄外，手掌还要顶住握柄的末端，以防止旋具转动时滑脱。

（2）小螺钉旋具的使用：一般用来紧固电气装置接线桩头上的小螺钉。使用时可用手指顶住握柄的末端捻转。

3.2.3　使用注意事项

（1）使用前检查旋具是否完好，无损坏或裂纹。

（2）使用时保持手部干燥，避免触电，在进行带电作业时，应使用绝缘柄的旋具，并在金属杆上穿绝缘套管，以防止触电。

（3）不得将旋具当作其他工具使用，如撬棍、锤子等。

任务实施

请根据任务单要求完成实训操作。

<table>
<tr><td>任务名称</td><td colspan="3">常用电工旋具的使用</td></tr>
<tr><td>学生姓名</td><td></td><td>学号</td><td></td></tr>
<tr><td colspan="4">1. 任务内容
实训设备与工具：电工旋具（一字、十字）各 1 把、电工工艺板 1 张、交流接触器 2 个、螺旋式熔断器 5 个、自攻螺丝若干。
根据实训工位提供的电工旋具、电工工艺板进行低压电器的安装与拆卸工作。
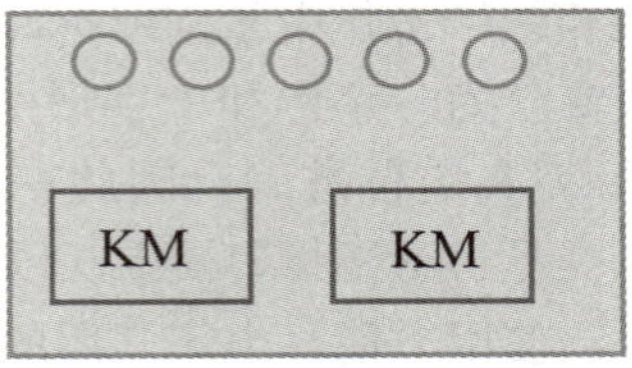
</td></tr>
<tr><td colspan="4">2. 实训操作
（1）操作前对电工旋具进行检查，包含好坏、绝缘性能的检查。
（2）按旋具使用方法将实训提供的低压电器按安装效果图安装到电工工艺板上。
（3）将安装好的低压电器从电工工艺板上拆卸下来，并规整好。
（4）整理实训工位，清点和检查工具、设备。</td></tr>
</table>

任务评价

本人、组长、老师分别根据任务完成情况在表 3.2.1 中进行任务评价。

表 3.2.1　任务评价表

序号	操作项目	自评	组评	师评	总评	备注
1	电工旋具的检查					
2	低压电器的安装					
3	低压电器的拆卸					
4	工位整理					
得分						

任务总结

将本任务实施过程中的收获与问题总结填写在表 3.2.2 中。

表 3.2.2　收获与问题总结表

序号	我学会的	我的疑问	解决办法
1			
2			

续表

序号	我学会的	我的疑问	解决办法
3			
4			
5			

存在的问题：____

____

____

任务 3.3　常用电工钳类工具的认识

任务导入

常用的电工钳类工具有多种，它们适用于不同的操作环境，它们在电气安装、维修和检查中起着至关重要的作用。你在生活中见到过哪些钳类工具？它们的作用是什么呢？

任务目标

1. 了解常用电工钳类工具的种类。
2. 掌握常用电工钳类工具的作用。
3. 掌握常用电工钳类工具的使用方法。

任务准备

工作中用到的钳类工具有很多，电工常用到的钳类工具有钢丝钳、尖嘴钳、斜口钳、剥线钳和冷压端子压接钳等。不同的钳类工具有不同的作用，适用于不同的工作环境。

3.3.1　钢丝钳

钢丝钳别名老虎钳，可用于弯绞或铡切导线，也可用于旋拧对扭矩要求不高的螺母等。电工用的钢丝钳为绝缘柄钢丝钳，耐压可达 500 V。常用的规格有 150 mm、175 mm、200 mm 及 250 mm 等多种。

1. 钢丝钳的结构

钢丝钳由钳头和钳柄两部分组成，如图 3.3.1 所示，钳头包括钳口、齿口、刀口和铡口四个部分。

2. 钢丝钳的使用方法

（1）通常用右手握住钢丝钳，将钳口朝内侧，便于控制钳切部位。

（2）小指可以伸在两钳柄中间来抵住钳柄，张开钳头，这样便于灵活分开钳柄。

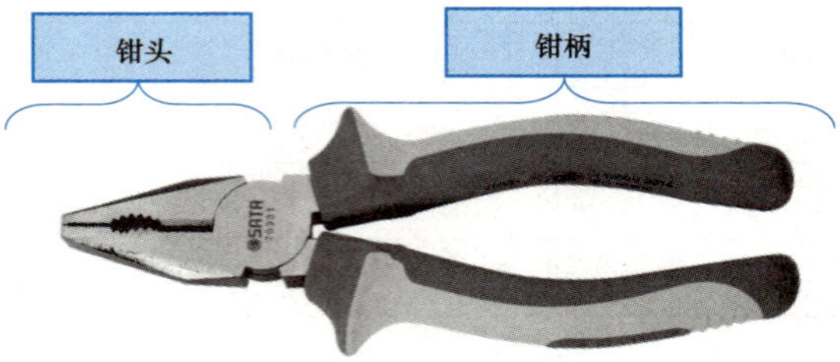

图 3.3.1　钢丝钳结构图

（3）拇指与四指共同用力时，可使刀口紧闭剪断导线或固定元件。

3. 钢丝钳使用注意事项

（1）绝缘护套耐压一般为 500 V，使用时需检查绝缘性能是否良好。

（2）带电操作时，手离金属部分距离应不小于 2 cm。

（3）剪切带电导线时，严禁用刀口同时剪切相线和中性线或同时剪切两根相线，以防短路。

（4）钳轴须经常加油，防止生锈。

3.3.2　尖嘴钳

尖嘴钳因钳头部分尖而细长而得名，常用于狭小空间作业。

1. 尖嘴钳的结构

尖嘴钳也由钳头和钳柄两部分组成，电工用尖嘴钳为绝缘柄型尖嘴钳，绝缘柄的耐压为 500 V，如图 3.3.2 所示。

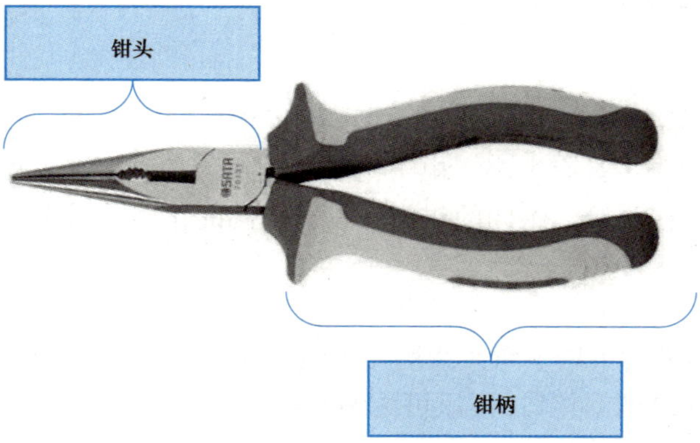

图 3.3.2　尖嘴钳结构图

2. 尖嘴钳的用途

（1）剪切细小金属丝。

（2）夹持较小的螺钉、垫圈、导线等元件。

（3）给单股导线接头弯圈，剖削塑料电线绝缘层。

（4）可带电操作低压电气设备。

3. 尖嘴钳的握法

尖嘴钳有平握法和立握法两种（见图 3.3.3），使用时食指应处于两手柄间，便于灵活地控制手柄张开和合拢。

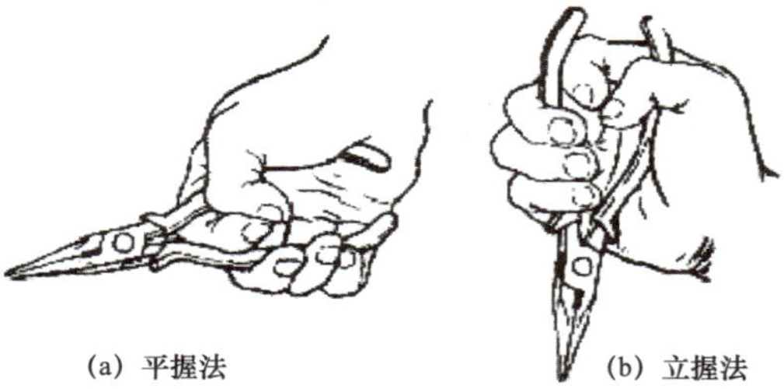

（a）平握法　（b）立握法

图 3.3.3　尖嘴钳的握法

4. 尖嘴钳使用注意事项

（1）绝缘手柄损坏时，不可用来剪切带电电线。

（2）手离金属部分距离应不小于 2 cm。

（3）钳夹物体不可过大，用力时不要过猛，以防损坏钳头。

（4）注意防潮，钳轴需经常加油，防止生锈。

3.3.3　斜口钳

斜口钳也称为斜嘴钳或偏口钳，主要用于剪切导线、元器件多余的引线等。

1. 斜口钳的结构

斜口钳由钳头和钳柄两部分组成，如图 3.3.4 所示，钳头部分切口很锋利，采用高频淬火技术处理，硬度高且使用寿命长。切口的设计形状和角度都经过精确计算和优化，以确保剪切效果的最佳化。

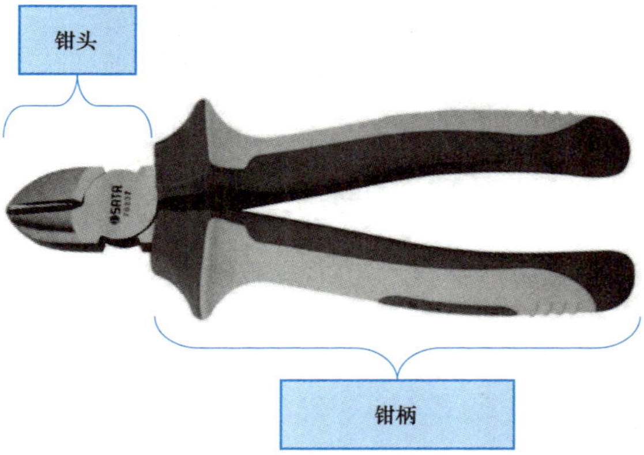

图 3.3.4　斜口钳结构图

2. 斜口钳的用途

（1）剪切导线：斜口钳的刀口锋利，能够轻松剪断各种导线。

（2）剪切元器件多余的引线：在电子元件安装和维修过程中，斜口钳常被用来剪切多余的引线。

（3）剖切软电线的橡皮或塑料绝缘层：钳子的刀口可以剖开软电线的绝缘层，便于后续操作。

（4）切断电线、铁丝等金属线：斜口钳的铡口可以用来切断较硬的金属线，如电线、钢丝等。

（5）紧固或拧松螺母：钳子的齿口也可用来进行紧固或拧松螺母的操作。

3. 斜口钳使用注意事项

（1）在使用斜口钳时，应确保钳口与待剪切物体垂直，以避免剪切不整齐或损坏物体。

（2）剪切较硬的金属线时，应避免用力过猛，以免损坏钳子或伤人。

（3）斜口钳使用后应及时清理和保养，以保持其良好的使用状态。

3.3.4 剥线钳

剥线钳广泛应用于电工、电动机修理、仪器仪表等领域，是这些行业中不可或缺的工具之一。它特别适用于塑料、橡胶绝缘电线、电缆芯线的剥皮。

1. 剥线钳的结构

剥线钳主要由刀口、压线口和钳柄三部分组成。图 3.3.5 所示为常用剥线钳的结构图。

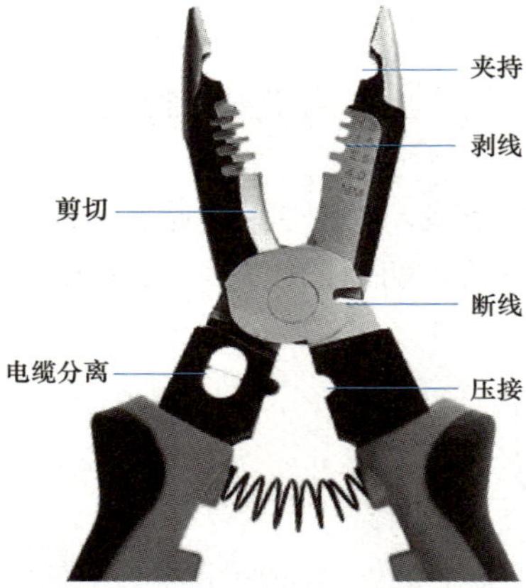

图 3.3.5　常用剥线钳的结构图

（1）刀口：用于切割电线的绝缘层。刀口的设计通常非常锋利，以确保能够轻松且干净地剥离绝缘层。

（2）压线口：部分剥线钳配备有压线口，用于压紧电线或电缆，以便更好地进行剥皮操作。

（3）钳柄：是用户握持和操作剥线钳的部分。钳柄上通常套有绝缘套管，以确保在带电操作时用户的安全。

2. 剥线钳的使用方法

（1）选择合适的剥线钳：根据电线的直径和绝缘层材质选择合适的剥线钳。

（2）准备电线：将待剥皮的线头置于钳头的刀口中，确保电线与钳口紧密接触。

（3）施加压力：用手将两钳柄一捏，使刀口压紧在电线的绝缘层上。

（4）旋转或推动剥线钳：用手指轻轻旋转或推动剥线钳，使刀口沿着电线的绝缘层移动，直到绝缘层被完全剥离。

（5）检查与整理：剥完线后，检查是否有残留的绝缘层，如有需要再次剥离。同时，整理好电线和剥线钳，以便下次使用。

3. 剥线钳使用注意事项

（1）安全操作：在使用剥线钳时，务必确保手部稳定并佩戴好防护手套，以免割伤手部或触电。

（2）正确选择工具：不要使用过大或过小的剥线钳来剥皮，以免损坏电线或剥线钳。

（3）定期检查与维护：定期检查剥线钳的刀口是否锋利、钳柄是否松动等，如有必要及时更换或维修。

（4）存放与保养：将剥线钳存放在干燥、通风的地方，避免受潮和腐蚀。使用后及时清理钳口上的杂物和污垢，以保持其良好的使用性能。

3.3.5　冷压端子压接钳

冷压端子压接钳，顾名思义，是通过冷压的方式将接线端子与导线牢固连接的工具。它主要用于电线电缆的连接，如电力线路、通信设备、家用电器等场合，确保电气连接的可靠性和安全性。

1. 冷压端子压接钳的分类

冷压端子压接钳种类很多，根据冷压端子的不同可分为管型冷压端子压接钳和 U 型冷压端子压接钳，如图 3.3.6 所示。

(a) 管型

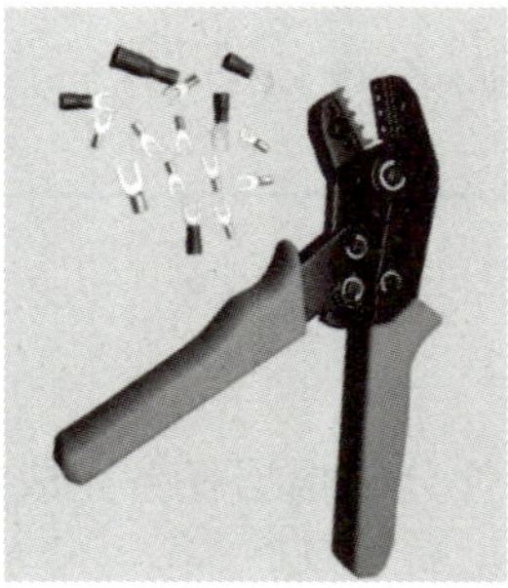

(b) U 型

图 3.3.6　冷压端子压接钳

2. 冷压端子压接钳的使用方法

1）准备阶段

根据要压接的导线端子规格，选择合适的压接钳。将要压接的导线剥去一定长度的绝缘层，露出导体部分。选择合适的导线端子，将其套在导线导体上。注意导线和端子的规格要相匹配，以确保压接质量。

2）压接操作

将端子置于压接钳内，确保端子与模具对齐，无偏移。用冷压端子压接钳夹住导线和端子，施加适当的力量进行压接。压接过程中要保持力度均匀，避免过度或不足。具体压力大小可根据端子规格和钳具要求进行调整。压接完成后，检查压接处是否牢固、无裂纹或毛刺等缺陷。如有不合格情况，应重新进行压接。

3）后续处理

在确认压接质量合格后，使用绝缘胶带等材料对连接处进行绝缘处理，以防止电气故障和安全隐患。将使用过的压接钳和冷压端子进行清洁和整理，以便下次使用。

任务实施

请根据任务单要求完成实训操作。

<table>
<tr><td>任务名称</td><td colspan="3">常用电工钳类工具的使用</td></tr>
<tr><td>学生姓名</td><td></td><td>学号</td><td></td></tr>
<tr><td colspan="4">1. 任务内容
1）实训设备与工具
钢丝钳、尖嘴钳、斜口钳、剥线钳和冷压端子压接钳（U 型、管型）各 1 把、U 型冷压端子 10 只、管型冷压端子 10 只、多股铜芯软线 1 m、单股铝芯硬线 1 m。
2）实训项目
（1）正确说出实训台上的钳类工具的名字。
（2）利用斜口钳将单股铝芯硬线等分为 4 段。
（3）利用钢丝钳或斜口钳对铝芯硬线进行弯曲造型。
（4）利用剥线钳和冷压端子压接钳压接多股铜芯软线，分别压接 10 个管型端子和 10 个 U 型端子。</td></tr>
<tr><td colspan="4">2. 实训操作
（1）操作前对电工旋具进行检查，包含好坏、绝缘性能的检查。
（2）项目 1 学生在实训小组组长处作答，组长在老师处作答；其他项目由同学按照任务准备中各钳类工具的使用方法和注意事项完成操作。
（3）整理实训工位，清点和检查工具、设备。
（4）小组验收和评价。</td></tr>
</table>

任务评价

本人、组长、老师分别根据任务完成情况在表 3.3.1 中进行任务评价。

表 3.3.1　任务评价表

<table>
<tr><th>序号</th><th>操作项目</th><th>自评</th><th>组评</th><th>师评</th><th>总评</th><th>备注</th></tr>
<tr><td>1</td><td>钳类工具的认识</td><td></td><td></td><td></td><td></td><td></td></tr>
<tr><td>2</td><td>钳类工具的使用</td><td></td><td></td><td></td><td></td><td></td></tr>
<tr><td>3</td><td>冷压端子压接情况</td><td></td><td></td><td></td><td></td><td></td></tr>
<tr><td>4</td><td>工位整理</td><td></td><td></td><td></td><td></td><td></td></tr>
<tr><td colspan="5">得分</td><td></td><td></td></tr>
</table>

任务总结

将本任务实施过程中的收获与问题总结填写在表 3.3.2 中。

表 3.3.2　收获与问题总结表

序号	我学会的	我的疑问	解决办法
1			
2			
3			
4			
5			

存在的问题：

项目 4　电工测量工具介绍

任务 4.1　万用表的认识

任务导入

万用表又称多用表，是电工、电子、电器设备生产和维修最常用的工具。它主要用于测量电压、电流、电阻等参数。对于电工、电子初学者和无线电爱好者来说，掌握万用表的使用方法和技巧是快速判断元器件好坏、检测电气设备线路（或电路）是否正常的基础。

任务目标

1. 了解万用表的分类。
2. 了解万用表的结构。
3. 理解万用表的工作原理。
4. 掌握万用表的使用方法。

任务准备

万用表作为电工、电子测量领域的基础工具，具有多种测量功能和广泛的应用领域。万用表的种类很多，根据显示方式不同，万用表主要分为指针式万用表和数字式万用表，如图 4.1.1 所示，它们的结构、原理和使用也有所不同。

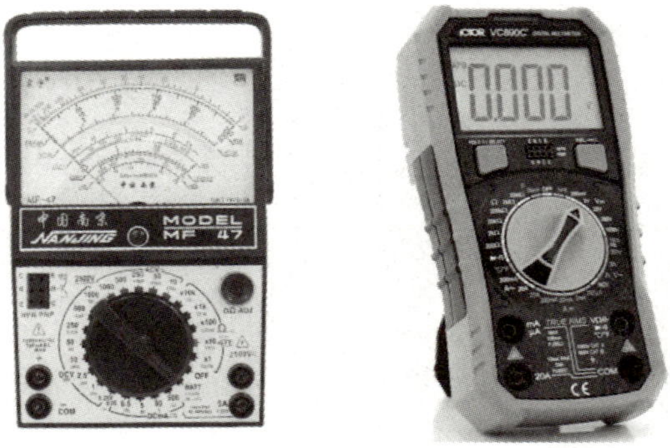

(a) 指针式万用表　　　(b) 数字式万用表

图 4.1.1　常见的万用表

4.1.1　指针式万用表

指针式万用表以机械表头为核心部件，测量值通过表头指针指示读取。虽然读数精度较数字式万用表稍差，但指针摆动的过程比较直观、明显，有时能反映被测量值的大小和方向。

1. 指针式万用表的结构

指针式万用表（以 MF47 型为例）的面板部分主要由表头、机械调零螺钉、欧姆调零旋钮、三极管插孔、转换开关和接线插孔等组成，如图 4.1.2 所示。

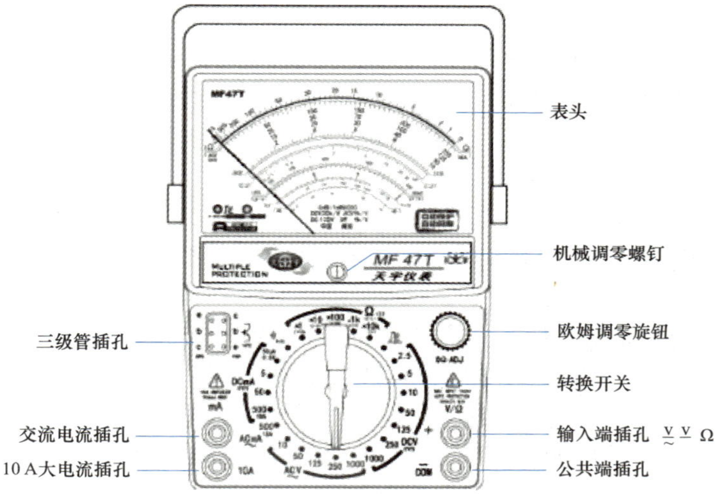

图 4.1.2　指针式万用表的结构

（1）表头：表头又分为刻度尺和指针两部分，它是测量的显示装置，用于指示测量结果。

（2）机械调零螺钉：在测量前指针如果未指在零刻线上，可用一支螺丝刀调节该螺钉使指针重新指到零刻线，从而降低测量误差。

（3）欧姆调零旋钮：在测量电阻的阻值时，需要利用该旋钮提前进行欧姆调零。

（4）三极管插孔：在测量三极管的放大倍数、引脚和类型时，将三极管插入对应的孔位即可。

（5）转换开关：用于选择被测电量的种类和量程（或倍率），是一个多挡位的旋转开关。通过旋转转换开关，可以选择测量电流、电压、电阻等不同项目，并调整到合适的量程。

（6）接线插孔：MF47 型万用表有四个接线插孔，分别为输入端插孔、公共端插孔、交流电流插孔和 10 A 大电流插孔。通常情况下将红表笔插入输入端插孔，黑标插入公共端插孔，就能满足大部分的参数测量功能。

2. 指针式万用表的工作原理

万用表的工作原理是建立在欧姆定律和电阻串联分压、并联分流等规律基础上的。指针式万用表的工作原理如图 4.1.3 所示。

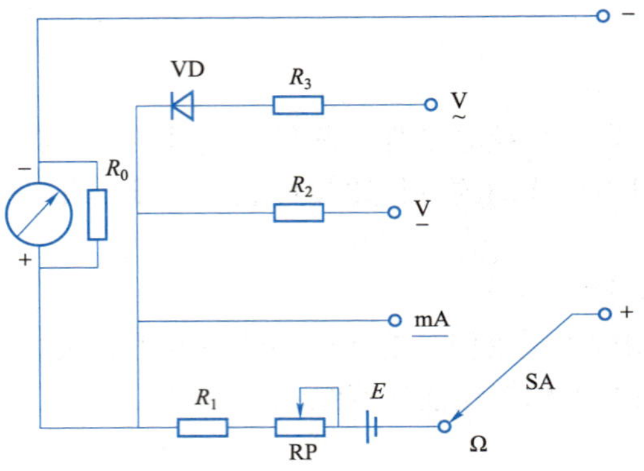

图 4.1.3　指针式万用表的工作原理

万用表的基本工作原理是利用一只灵敏的磁电式直流电流表（微安表）作为表头，当微小电流通过表头时，就会有电流指示。但表头不能通过大电流，所以必须在表头上并联与串联一些电阻进行分流或降压，从而测量出电路中的电流、电压和电阻。

3. 指针式万用表的使用方法

1）测量电阻

电阻量程分为×1、×10、×100、×1 k、×10 k 共 5 挡，如图 4.1.4（a）所示。测量电阻的步骤如下。

（1）合理选择电阻倍率挡，将量程开关旋至合适的量程。

（2）调零：将红、黑两表笔搭接，调节欧姆调零旋钮，使指针在第 1 条欧姆刻度线的右侧终端“0”位上，如图 4.1.4（b）所示。

（3）将两表笔接入被测电阻，按第 1 条刻度线读数，并乘以转换开关所指示的倍数，即为被测电阻值。若改变量程，须重新调零。

例如：将量程开关旋转至“×10”，调零后测得电阻指针指示在刻度线“15”的位置，如图 4.1.4（c）所示，则被测电阻的阻值为 15×10 Ω=150 Ω，若将量程开关旋至“×100”，调零后测得指针指示在刻度线“1.5”的位置，则被测电阻的阻值为 1.5×100 Ω=150 Ω。

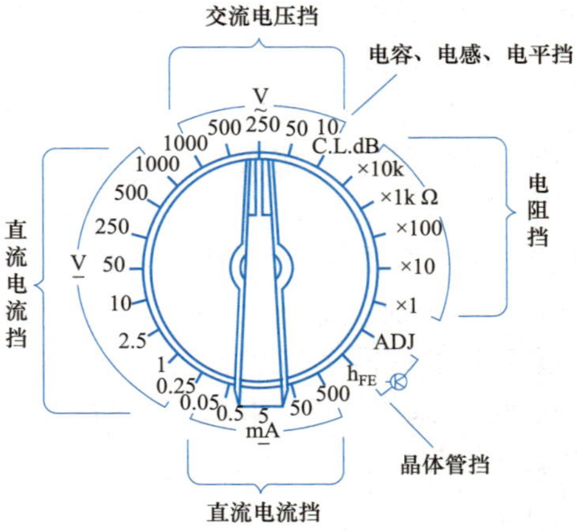

（a）选择量程

图 4.1.4　用指针式万用表测量电阻

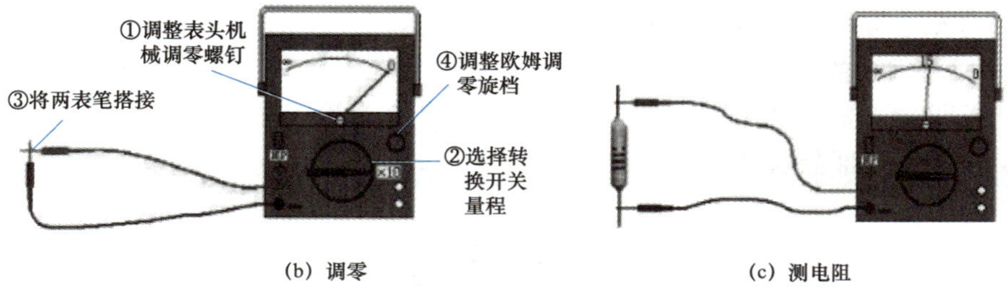

图 4.1.4　用指针式万用表测量电阻（续）

2）测量直流电压

万用表有红、黑两只表笔，使用前先将红表笔插入“+”极性孔，黑表笔插入“−”极性孔。直流电压的量程范围有 8 挡，将仪表与被测电路并联，按表头第 2 条刻度线读数。用 2 500 V 挡时，量程开关应放在 1 000 V 的量程上，表笔应插在“2 500 V”和“COM”插孔内。

3）测量直流电流

直流电流的量程范围有 5 挡。将仪表与被测电路串联，仍按第 2 条刻度线读数。用 5 A 挡测量时，表笔应插在“5 A”和“COM”插孔内，量程开关可放在电流量程的任意位置上。

4）测量交流电压

交流电压的量程范围也有 5 挡。测量时，仪表表笔与被测电压并联，仍按第 2 条刻度线读数。用 2 500 V 挡时，量程开关应放在 1 000 V 挡位上，表笔应插在“2 500 V”和“COM”插孔内。

4. 指针式万用表使用注意事项

（1）在测量中，不能转动量程开关，特别是测量高电压和大电流时，严禁带电转换量程。

（2）当不能确定被测量大约数值时，应先将挡位开关旋转到最大量程上，然后再按测量值选择适当的挡位，使表针得到合适的偏转。所选挡位应尽量使指针指示在刻度尺位置的 1/2～2/3 的区域（测量电阻时除外）。

（3）测量电阻时，一定要使被测电阻不与其他电路有任何接触，也不要用手接触表笔的导电部分，以免影响测量结果。

（4）测量电路中的电阻阻值时，应将被测电路的电源切断，如果电路中有电容器，应先将其放电后才能测量。切勿在电路带电的情况下测量电阻。

（5）测量完毕后，最好将量程开关旋至交流电压最大量程上，防止再次使用时因疏忽未调节测量范围而将仪表烧坏。

4.1.2　数字式万用表

数字式万用表是利用模/数转换原理，将被测量转化为数字量，并将测量结果以数字形式显示出来的一种测量仪表。数字式万用表与指针式万用表相比，具有精度高、速度快、输入阻抗大、数字显示、读数准确、抗干扰能力强、测量自动化程度高等优点，因而被广泛应用。

数字式万用表采用液晶显示器作为读数装置，其型号品种较多，测量非常简便。数字式万用表的内部通常采用专用集成电路芯片，具有功耗小、量程可自动切换的优点。

1. 数字式万用表的结构

数字式万用表主要由液晶显示屏、电源开关、功能/量程选择开关、输入插孔、晶体管插孔和数据保持键等部分组成，如图 4.1.5 所示。

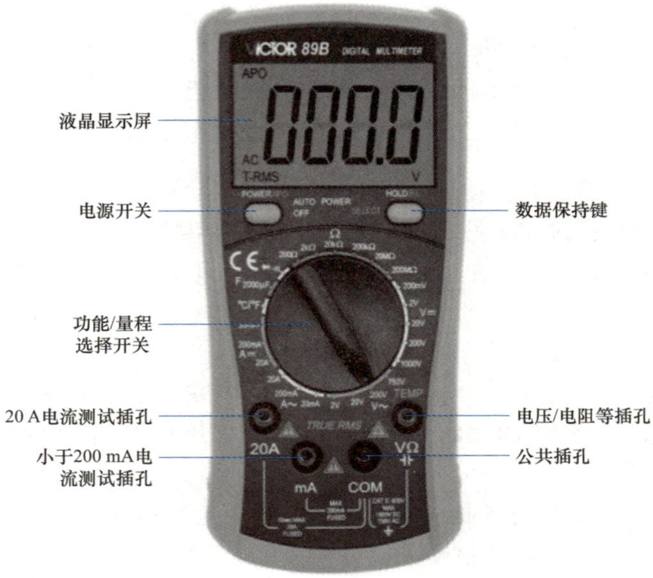

图 4.1.5　数字式万用表的结构

（1）显示屏：用于显示测量结果，根据显示位数不同，可分为三位半、四位半、五位半和六位半等，显示不同的数字位数。

（2）电源开关：控制数字式万用表的电源状态，按下打开仪表的电源，测量完毕需关掉电源以节省电能。

（3）功能/量程选择开关：允许用户选择不同的测量项目和量程，包括手动、自动和按钮操作，以适应不同的测量需求。

（4）输入插孔和晶体管插孔：用于连接测试表笔或晶体管，以便进行具体的测量工作。

（5）数据保持键：在测量过程中，如果需要保持数据不变，可以使用数据保持键来锁定显示屏上的读数。

2. 数字式万用表的使用方法

（1）交/直流电压的测量：将电源开关置于“ON”位置，根据需要将量程开关拨至“DCV”（直流）或“ACV”（交流）范围内的合适量程，红表笔插入“V/Ω”孔，黑表笔插入“COM”孔，然后将两支表笔连接到被测点上，液晶显示屏上便直接显示被测点的电压。在测量仪器仪表的交流电压时，应当用黑表笔去接触被测电压的低电位端（信号发生器的公共地端或机壳），从而减小测量误差。

（2）交/直流电流的测量：将量程开关拨至“DCA”（直流）或“ACA”（交流）范围内的合适量程，红表笔插入“A”孔（≤200 mA）或“10 A”孔（＞200 mA），黑表笔插入“COM”孔，通过两支表笔将万用表串联在被测电路中。在测量直流电流时，数字式万用表能自动转换或显示极性。数字式万用表使用完毕，应将红表笔从电流插孔中拨出，插入电压插孔。

（3）电阻的测量：将量程开关拨至“Ω”（OHM）范围内的合适量程，红表笔（正极）插入“V/Ω”孔，黑表笔（负极）插入“COM”孔。如果被测电阻超出所选量程的最大值，万用表将显示过量程“1”，这时应选择更大的量程。对大于 1 MΩ的电阻，要等待几秒钟稳定后，再读数。当检查内部线路阻抗时，要保证被测线路电源切断，所有电容放电。

注意： 仪表在电阻挡及检测二极管、检查线路通断时，红表笔插入“V/Ω”孔，为高电位；黑表笔插入“COM”孔，为低电位。当测量晶体管、电解电容等有极性的电子元器件时，必须注意表笔的极性。

（4）电容的测量：将量程开关拨至“CAP”挡相应量程，旋动零位调节旋钮，使初始值为 0，然后将电容直接插入电容测试座中，这时显示屏上将显示其电容量。测量时两手不得碰触电容的电极引线或表笔的金属端，否则数字式万用表将跳数，甚至过载。

3. 数字式万用表使用注意事项

（1）测量电阻时，红表笔为测试源正端，黑表笔为负端，这与指针式万用表比较恰好相反。当万用表显示电源电压低时，应及时更换电池，否则所测量电压的数值会偏高。

（2）测量交/直流电压时，在有“交流”干扰的情况下，黑表笔一定要接地，因为黑表笔接着表内屏蔽罩，可防止环境对万用表正常工作的干扰。严禁在测量高电压或大电流的过程中拨动开关，以防电弧烧坏转换开关的触头。

（3）测量电压时，量程开关选择要准确，防止误接。如果误用交流电压挡去测直流电压或误用直流电压挡去测交流电压，则将显示“000”或在低位上出现跳字。

（4）使用低挡测电阻（如用 200 Ω挡）时，为精确测量，可先将两表笔短接，测出两表笔的引线电阻，并根据此数修正测量结果。严禁带电测量电阻。

（5）在测量电压、电流时，若显示屏上的数值为“1”，则表明量程太小，应加大量程后再测。若在数值左边出现“−”，则表明表笔极性与实际电源极性相反，此时红表笔接的是负极。

任务实施

请根据任务单要求完成实训操作。

任务名称	万用表的使用		
学生姓名		学号	
1. 任务内容 1）实训设备与工具 指针式万用表 1 块、数字式万用表 1 块、色环电阻随机 3 只、交流电源、直流电源。 2）实训项目 （1）利用指针式万用表测量电阻、直流电压、直流电流、交流电压参数。 （2）利用数字式万用表测量电阻、直流电压、直流电流、交流电压、交流电流参数。 （3）将测量的参数填入表中。			

续表

项目	测量参数	测量结果	备注
指针式万用表	电阻值		
	直流电压值		
	交流电压值		
	直流电流值		
数字式万用表	电阻值		
	直流电压值		
	交流电压值		
	直流电流值		
	交流电流值		

2. 实训操作

（1）操作前对工具设备进行检查，包含好坏、数量等。

（2）按照任务准备中万用表的使用方法操作要领进行正确的测量，小组长由老师监督测量过程，小组成员由小组长负责监督测量过程。

（3）填写测量结果。

（4）整理实训工位，清点和检查工具、设备。

（5）小组验收和评价。

任务评价

本人、组长、老师分别根据任务完成情况在表 4.1.1 中进行任务评价。

表 4.1.1　任务评价表

序号	操作项目	自评	组评	师评	总评	备注
1	万用表使用方法是否得当					
2	测量读数是否正确					
3	测量结果是否正确					
4	工位整理					
得分						

任务总结

将本任务实施过程中的收获与问题总结填写在表 4.1.2 中。

表 4.1.2　收获与问题总结表

序号	我学会的	我的疑问	解决办法
1			
2			

续表

序号	我学会的	我的疑问	解决办法
3			
4			
5			

存在的问题：

任务 4.2　兆欧表的认识

任务导入

兆欧表又称摇表，是一种简便、常用的测量高电阻的直读式仪表，广泛应用于电力、邮电、通信、机电安装和维修等领域，是检测电气设备绝缘电阻的重要工具。通过测量电气设备的绝缘电阻，可以及时发现设备中的漏电、短路、绝缘损坏等问题，为设备的正常安全运行提供保障。

任务目标

1. 了解兆欧表的分类。
2. 理解指针式兆欧表的工作原理。
3. 掌握指针式兆欧表的结构。
4. 掌握指针式兆欧表的使用方法。

任务准备

兆欧表和万用表一样，根据显示方式不同可以分为指针式兆欧表和数字式兆欧表，如图 4.2.1 所示。

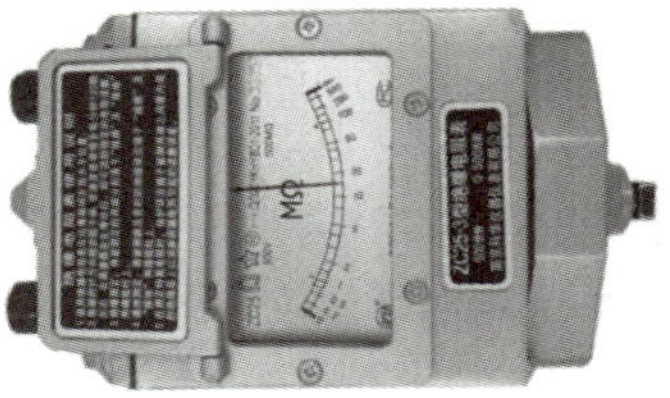

(a) 指针式兆欧表

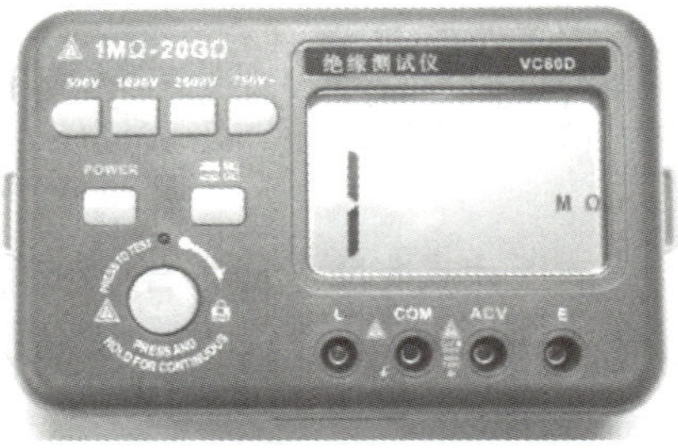

(b) 数字式兆欧表

图 4.2.1　常见的兆欧表

4.2.1　指针式兆欧表

指针式兆欧表具有精度高、易于携带、操作方便等优点，非常适合初级电工使用。

1. 指针式兆欧表的结构

指针式兆欧表由机芯部分、外壳部分、磁电式流比计、手摇发电机、接线端、表盘与指针等组成，具体结构如图 4.2.2 所示。

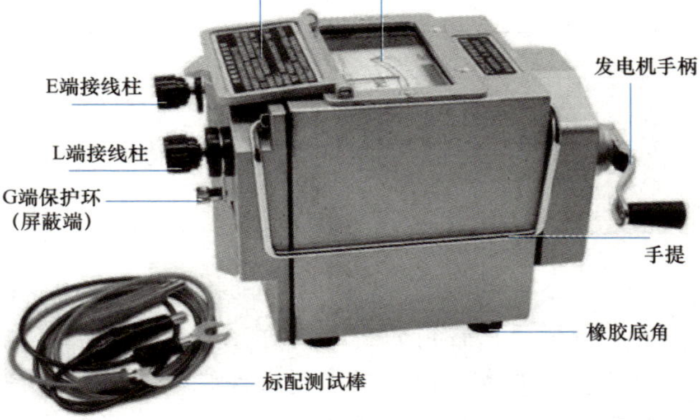

图 4.2.2　指针式兆欧表的结构

1）机芯部分

（1）多圈电位器：用于调节和指示电路中的电阻值。

（2）干簧管：具有单向导电特性，在测量过程中起到关键作用。当被测量的外电路有电压加于机内时，由于干簧管的特性，可以使指示为零，即此时被测体与地之间的接触电阻等于零。

2）外壳部分

上盖和下盖：构成兆欧表的外壳，保护内部机芯和电路。

3）其他关键组件

（1）磁电式流比计：这是兆欧表的核心测量部分，由可动线圈和永久磁铁组成。可动线圈装在有缺口的圆柱铁芯外面，并与指针一起固定在转轴上，构成表头的可动部分。磁铁的磁极与铁芯之间的气隙是不均匀的，使得通电线圈在磁场中受到力的作用，从而驱动指针偏转。

（2）手摇发电机：为磁电式流比计提供工作电压。手摇发电机产生的直流电压通过测量电路，使得被测电阻与表内电路形成回路，根据欧姆定律，电流的大小与被测电阻的阻值成反比。

（3）接线端：指针式兆欧表通常有三个接线端，分别是线路接线端“L”、接地接线端“E”和保护环接线端“G”。L 和 E 两接线端用于接入被测对象，如果测量对地绝缘电阻，则 E 端接地。G 接线端的作用是消除被测对象表面漏电造成的测量误差。

4）表盘与指针

（1）表盘：表盘上有一条以“MΩ”为单位的刻度线，用于读取测量结果。刻度线的最上边为“∞”，表示无穷大电阻；最下边为“0”，表示零电阻。

（2）指针：指针与可动线圈相连，当电流通过测量电路时，指针会根据电流的大小和方向发生偏转，从而指示出被测电阻的阻值。

2. 指针式兆欧表的使用方法

1）准备阶段

（1）外观检查：检查外壳是否完整，有无破损、裂纹，表盘刻度应清晰。

（2）指针检查：检查指针有无弯曲、断裂。

（3）表笔检查：查看表笔连线有无破损、断线，插线是否正确。

（4）旋转摇把手检查：检查旋转摇把手是否有卡顿，应转动轻快丝滑。

（5）电压等级检查：确认仪表的电压等级是否与被测设备的电压相适应，且应大于被测设备的额定电压。

（6）开路和短路试验：进行开路试验时，指针应指向无穷大；短路试验时，指针应指向零。

（7）断开电源：测量前必须将被测设备和线路完全断电，并拆除电源及一切对外连线。

（8）放电：对于电容量较大的设备，应至少放电 2min，以免触电和影响测量结果。

（9）清洁被测物：用干燥清洁的柔软布擦去被测物的表面污垢，必要时可用汽油洗净套管的表面积垢，以消除表面漏电电流对测试结果的影响。

2）接线

（1）了解接线柱：指针式兆欧表通常有三个接线柱，分别是 L（线路）、E（接地）和 G（保护环或屏蔽端子）。

（2）正确接线。

在测量电气设备对地绝缘电阻时，L 端用单根导线接设备的待测部位，E 端用单根导线接设备外壳。

当测电气设备内两绕组之间的绝缘电阻时，将 L 和 E 分别接两绕组的接线端。

当测量电缆的绝缘电阻时，为消除因表面漏电产生的误差，L 接线芯，E 接外壳，G 接线芯与外壳之间的绝缘层。

L、E、G 与被测物的连接线必须用单根线，绝缘良好，不得绞合，表面不得与被测物相接触。

3）测量

（1）摇动手柄：以 120 r/min 的速度均匀摇动手柄，允许有±20%的变化，但不应超过±25%。

（2）读取数据：摇动 1 min 后，待指针稳定下来再读数。如果被测电路中有电容，应先持续摇动一段时间，让兆欧表对电容充电，等指针稳定后再读数。

（3）记录结果：根据指针所指位置读取绝缘电阻值，注意兆欧表的刻度不是线性的，而是近似于对数关系，读数时需注意这一点。

4）拆线与放电

（1）拆线：在兆欧表没停止转动和被测物没有放电以前，不能用手触及被测物或进行拆线工作。

（2）放电：测量完毕后，应对被测设备充分放电，以防止电容放电损坏兆欧表或引起触电事故。

3. 指针式兆欧表使用注意事项

（1）安全：测量绝缘电阻必须在被测设备和线路停电的状态下进行，严禁在雷电或高压设备附近测试绝缘电阻。

（2）保护：兆欧表在转动摇把手时测试线上带有电压，严禁用手接触。

（3）保养：测量结束后，应及时断开测量电路，并对兆欧表进行清洁和保养，以延长其使用寿命。

4.2.2 数字式兆欧表

数字式兆欧表是一种用于测量绝缘电阻的便携式仪表，它利用机内电池作为电源，通过 DC/DC 变换产生直流高压，对被测物进行绝缘电阻的测量，并将结果直接以数字形式显示在 LCD 屏幕上。数字式兆欧表具有测量精度高、测量速度快、读数稳定性好、输出电压可任意切换、携带及使用方便、使用成本低等优点。

任务实施

请根据任务单要求完成实训操作。

任务名称	三相异步电动机的绝缘性能测量		
学生姓名		学号	

1. 任务内容

1）实训设备与工具

指针式兆欧表 1 块、三相异步电动机 1 台。

2）实训项目

（1）利用指针式兆欧表测量三相异步电动机的相间绝缘和对地绝缘。

（2）将测量的参数填入表中。

项目	测量参数	测量结果	备注
相间绝缘	U–V		
	U–W		
	V–W		
对地绝缘	U–地		
	V–地		
	W–地		

2. 实训操作

（1）操作前对工具设备进行检查，包含好坏、数量等。

（2）测量相间绝缘：用兆欧表测量三相相间绝缘电阻，兆欧表两个接线端一个接电机绕组 U 相接线柱，另一个接电机绕组 V 相接线柱，此时测量的就是 U-V 两相间的绝缘电阻，同理再测量 U-W 相间绝缘电阻和 V-W 相间绝缘电阻。

（3）测量对地绝缘：用兆欧表测量三相对地的绝缘电阻，兆欧表两个接线端一个接电机绕组的接线柱，另一个接地线（或电机外壳），进行测量（U、V、W 三相都要测量）。

（4）填写测量结果。

（5）整理实训工位，清点和检查工具、设备。

（6）小组验收和评价，小组长由老师监督测量过程，小组成员由小组长负责监督测量过程。

任务评价

本人、组长、老师分别根据任务完成情况在表 4.2.1 中进行任务评价。

表 4.2.1　任务评价表

序号	操作项目	自评	组评	师评	总评	备注
1	兆欧表使用方法是否得当					
2	测量点是否正确					
3	测量结果是否正确					
4	工位整理					
得分						

任务总结

将本任务实施过程中的收获与问题总结填写在表 4.2.2 中。

表 4.2.2　收获与问题总结表

序号	我学会的	我的疑问	解决办法
1			
2			
3			
4			
5			

存在的问题：

____

____

____

任务 4.3　钳形电流表的认识

任务导入

在交流电路安装调试与检修过程中经常遇到需要测量电路中的交流电流大小的情况，如果用电流表进行测量就需要断开原电路，将电流表串联进被测电路中，这种测量方法存在需要破坏原电路的结构、具有安全隐患、测量步骤复杂等缺点。为了克服以上问题，科学家发明了一种可以在不断开电路的情况下，通过夹紧电气设备周围的电导体来测量电流的仪器——钳形电流表。

任务目标

1. 了解钳形电流表的结构。
2. 理解钳形电流表的工作原理。
3. 掌握钳形电流表的使用方法。

任务准备

钳形电流表也被称为钳表或电流钳，是一种用于测量正在运行的电气线路中电流大小的仪表。

4.3.1　钳形电流表的结构

钳形电流表的结构设计紧凑、操作简便，能够在不断开电路的情况下快速、准确地测量电流值。钳形电流表的结构如图 4.3.1 所示。

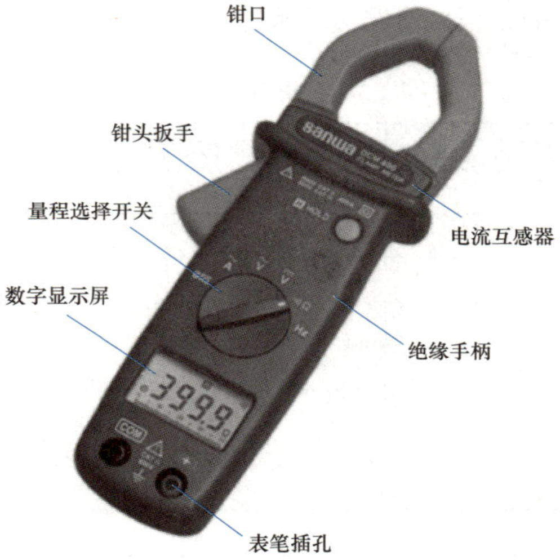

图 4.3.1　钳形电流表的结构

1. 钳口部分

这是钳形电流表特征最显著的部分，用于夹住待测电流的导线。钳口内部通常包含一个电流互感器的铁芯，当钳口闭合时，铁芯会围绕被测导线形成一个闭合的磁路。

2. 电流互感器

电流互感器是钳形电流表的核心部件，其工作原理基于电磁感应原理。当被测电流通过导线时，会在导线周围产生磁场，这个磁场会被电流互感器的铁芯感应到，从而在互感器的二次绕组中产生感应电流。这个感应电流的大小与被测电流成正比，因此可以用来表示被测电流的大小。

3. 表盘或数字显示屏

用于显示测量结果的部件。传统钳形电流表使用表盘来显示电流值，而现代钳形电流表则更多采用数字显示屏，可以提供更精确、更直观的读数。

4. 量程选择开关

用于选择钳形电流表的测量量程。不同的被测电流需要使用不同的量程来准确测量，因此量程选择开关是必不可少的。

5. 电池舱

用于安装电池，为钳形电流表提供工作所需的电能。对于需要供电的钳形电流表（尤其是数字式），电池舱是必不可少的部分。

6. 绝缘手柄

用于握持钳形电流表的手柄部分，通常具有良好的绝缘性能，以保护操作者在测量过程中不受电击伤害。

7. 附加功能按钮

一些高级钳形电流表可能还配备附加功能按钮，如数据保持、自动关机、峰值捕捉、频率测量等功能按钮，以满足不同的测量需求。

4.3.2　钳形电流表的工作原理

钳形电流表的工作原理基于电流互感器的原理。当握紧钳形电流表扳手时，电流互感器的铁芯可以张开，被测电流的导线进入钳口内部作为电流互感器的一次绕组。当放松扳手铁芯闭合后，根据电流互感器的原理而在其二次绕组上产生感应电流，电流表指针偏转，从而指示出被测电流的数值，如图 4.3.2 所示。

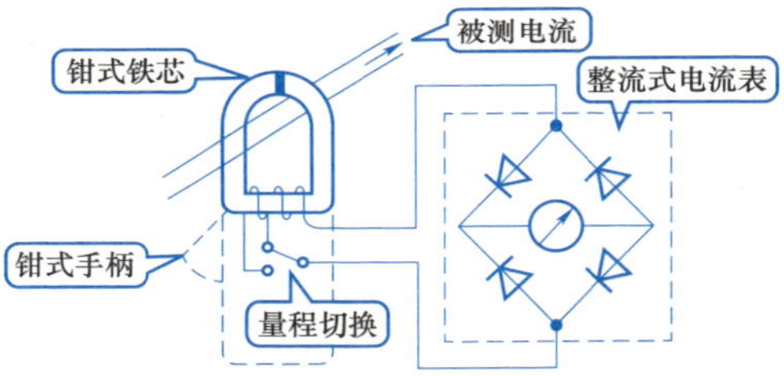

图 4.3.2　钳形电流表的工作原理

4.3.3　钳形电流表的使用方法

1. 选择合适的量程挡位

根据待测电流的估计值，选择合适的测量范围。若无法估计，可先选用最大量程，然后逐渐减小至准确挡位。

注意避免使用小挡位测量大电流，以免造成设备损坏。

2. 打开钳口

找到钳形电流表的夹口，通常位于仪表的前端。夹口可能是一个可移动的部分，需要轻轻打开。

3. 夹入待测导线

将待测电流导线完全穿过钳形电流表的夹口，使其位于夹口的中间位置。确保电流导线与夹口接触良好，没有松动或扭曲。确保夹口完全闭合，夹紧电流导线。

4. 读取测量结果

观察钳形电流表上的显示屏或表盘，读取电流的测量结果。显示屏上会显示电流的数值，通常以安培（A）为单位。

注意： 有些钳形电流表可能需要按下测量按钮或进行其他操作才能获取测量结果。

4.3.4 钳形电流表使用注意事项

1. 安全规范

（1）测量时戴绝缘手套，穿绝缘胶鞋，人身不得触及其他设备或墙体等，以防发生安全事故。

（2）观察测量结果时要特别注意周围环境，保持头部与带电部分的安全距离。

（3）在测量高电压和高电流时，使用符合安全标准的钳形电流表和配件，确保自身和设备的安全。

2. 特殊操作

（1）如果被测电流较小，可将载流导线多绕几个圈放入钳口进行测量，但应将读数除以绕线圈数后才是实际的电流值。

（2）测量完毕后，将调节开关放在最大量程挡位（或关闭），以便下次安全使用。

3. 定期校准

为了确保测量结果的准确性，定期校准钳形电流表是必要的。校准周期和方法可以参考设备的说明书或咨询专业技术人员。

4. 其他注意事项

（1）不要在测量过程中切换量程挡。

（2）注意电路上的电压要低于钳形电流表额定值，不可用钳形电流表去测量高压电路的电流，以免造成事故或引起触电危险。

任务实施

请根据任务单要求完成实训操作。

任务名称	钳形电流表的使用		
学生姓名		学号	

1. 任务内容
1）实训设备与工具
绝缘手套 1 双、钳形电流表 1 台、三相五线制电源 1 台、电机自锁控制电路板 1 个、自锁控制电路原理图 1 张。
2）实训项目
（1）利用钳形电流表测量自锁控制电路原理图标红位置的电流大小。

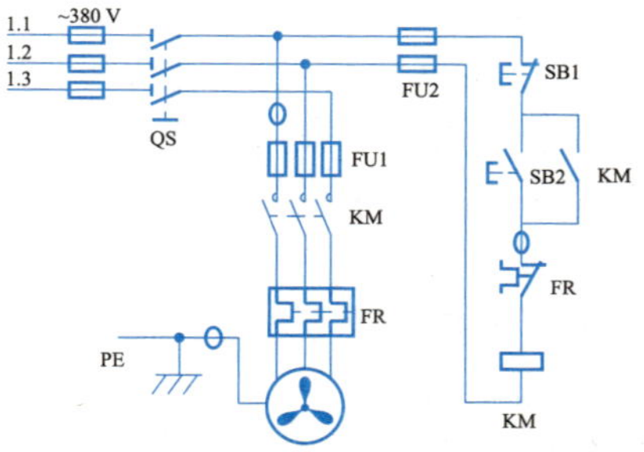

续表

（2）将测量的参数填入表中。

项目	测量参数	测量结果	备注
主电路	电流		
控制电路	电流		
	电流		

2. 实训操作
（1）操作前对工具设备进行检查，包含好坏、数量等。
（2）按照任务准备中钳形电流表的使用方法和注意事项完成电路的测量。
（3）填写测量结果。
（4）整理实训工位，清点和检查工具、设备。
（5）小组验收和评价，小组长由老师监督测量过程，小组成员由小组长负责监督测量过程。

任务评价

本人、组长、老师分别根据任务完成情况在表 4.3.1 中进行任务评价。

表 4.3.1　任务评价表

序号	操作项目	自评	组评	师评	总评	备注
1	钳形电流表使用方法是否得当					
2	操作是否规范					
3	测量结果是否正确					
4	工位整理					
得分						

任务总结

将本任务实施过程中的收获与问题总结填写在表 4.3.2 中。

表 4.3.2　收获与问题总结表

序号	我学会的	我的疑问	解决办法
1			
2			
3			
4			
5			

存在的问题：

项目 5　常用低压电器介绍

任务 5.1　常用低压开关的认识

任务导入

低压开关是一种配电电器，在供配电系统和设备自动控制系统中通常用于电源隔离，有时也可用于不频繁接通和断开小电流配电电路或直接控制小容量电动机的启动和停止。低压开关一般为手动类电器，常用的有刀开关、组合开关、倒顺开关、低压断路器等。

任务目标

1. 了解常用低压开关的作用。
2. 掌握常用低压开关的结构。
3. 掌握常用低压开关的电气符号。

任务准备

5.1.1　刀开关

常用的刀开关有开启式负荷开关、封闭式负荷开关，还有将刀开关和熔断器合二为一组成的具有一定接通分断能力和短路分断能力的组合式电器，用于开关屏或开关柜上。刀开关适用于照明和小容量电动机控制线路中，供手动不频繁地接通和分断电路，并起短路保护作用。

1. 刀开关的分类

刀开关的种类有很多，具体分类见表 5.1.1。

表 5.1.1　刀开关的分类

分类方式	类别	说　明	图　示
按极数分	单极	极数代表刀开关能够同时控制的电源相数	

续表

分类方式	类别	说　明	图　示
按极数分	双极	极数代表刀开关能够同时控制的电源相数	
	三极		
按灭弧分	带灭弧罩	灭弧罩使用石棉、水泥、耐弧塑料、陶土或玻璃丝布等材料制成，当电器元件在触头分段时产生电弧，电弧被吸入灭弧罩的灭弧栅片中。由于钢片之间有间隙，电弧被分割成多段短弧，在交流电流过零时，所有短弧被熄灭，同时栅片散发热量，使电弧迅速冷却，达到熄弧效果	
	不带灭弧罩		
按接线方式分	板前接线	板前接线是指在安装面板之前进行连接器的安装	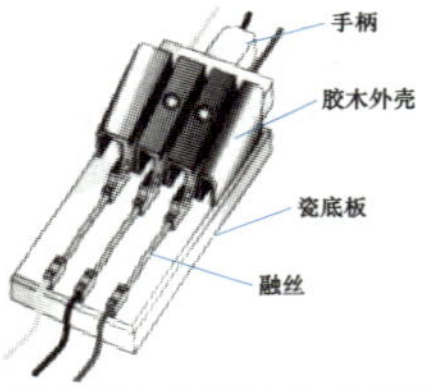
	板后接线	板后接线与板前接线相反	
按转换方向分	单掷	单掷动触点和静触点各自只有一个	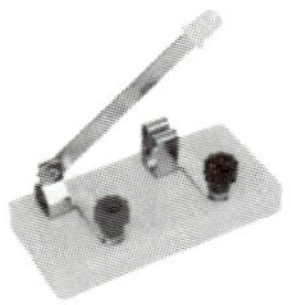
	双掷	双掷静触点有两个	

2. 刀开关的结构

刀开关由手柄、闸刀、保险丝、静触点（进线座）、动触点（出线座）、瓷底座和胶盖等组成，如图 5.1.1 所示。胶盖的作用是使电弧不致飞出灼伤操作人员，防止极间电弧短路；保险丝对电路起短路保护作用。

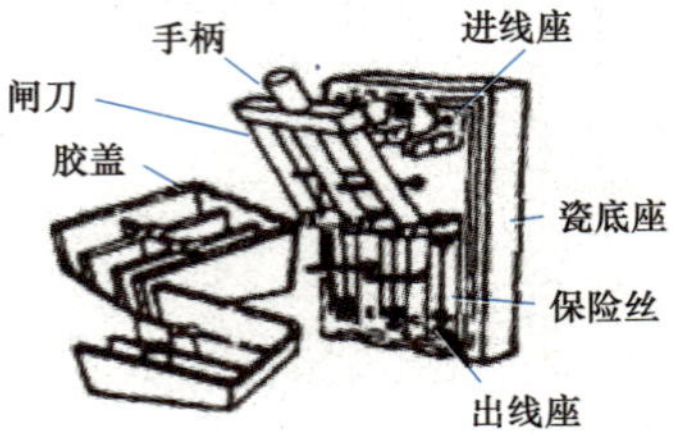

图 5.1.1　刀开关的结构

3. 刀开关的符号

电气符号由文字符号和图形符号组成，刀开关的电气符号如图 5.1.2 所示。

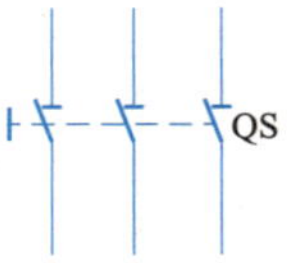

图 5.1.2　刀开关的电气符号

5.1.2　组合开关

组合开关又称转换开关，常用于交流 50 Hz、380 V 以下及直流 220 V 以下的电气线路中，供手动不频繁地接通和分断电路、电源开关或控制 5 kW 以下小容量异步电动机的启动、停止和正反转。

1. 组合开关的分类

组合开关有单极、双极和多极之分，常见的组合开关如图 5.1.3 所示。普通类型的转换开关各极是同时通断的；特殊类型的转换开关是各极交替通断的，以满足不同的控制要求。其表示方法类似于万能转换开关。

图 5.1.3　常见的组合开关

2. 组合开关的结构

组合开关是由分别装在数层绝缘体内的动、静触头组合而成的。开关的顶盖部分是由手柄、转轴、扭簧和凸轮等构成的操作机构。由于采用了扭簧储能，可使触头快速闭合或分断，从而提高了开关的通断能力。HZ10 系列组合开关的结构如图 5.1.4 所示。

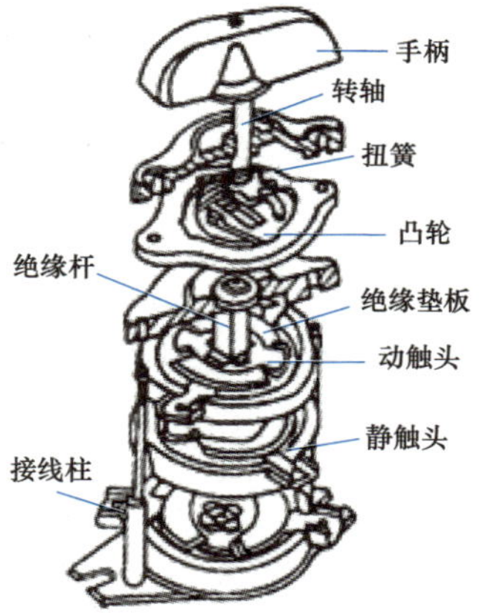

图 5.1.4　HZ10 系列组合开关的结构

3. 组合开关的电气符号

组合开关的电气符号和刀开关类似，如图 5.1.5 所示。

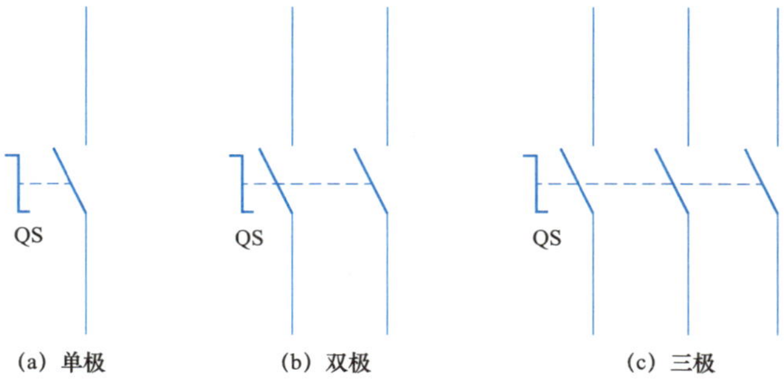

图 5.1.5　组合开关的电气符号

5.1.3　倒顺开关

倒顺开关是一种特殊的组合开关，也是一种较为常见的开关类电器，主要用于连接和断开电源或负载，使电机能够正向或反向旋转。它的手柄可以处于“0”“倒”“顺”三个位置，一般可用于 3 kW 以下的三相异步电动机的手动正反转控制。倒顺开关的外形如图 5.1.6（a）所示，常用的型号主要有 HY2 系列及 HZ3 系列。在进行倒顺开关接线时应注意按产品使用说明中的接线图进行，要看清楚开关接线端标记，以免接错，造成两相电源短路。在图 5.1.6（b）中，L1、L2、L3 接三相交流电源，U、V、W 接三相异步电动机。

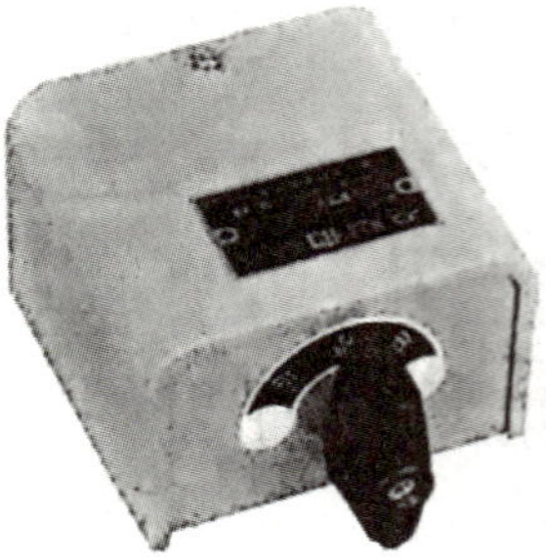

(a) 外形

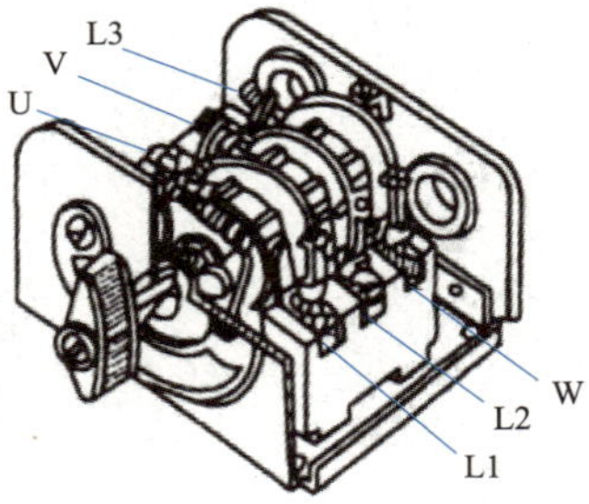

(b) 结构

图 5.1.6　倒顺开关

5.1.4　低压断路器

低压断路器（见图 5.1.7）也称自动空气开关，主要用在交、直流低压电网中，既可手动又可电动分合电路，且可对电路或用电设备实现过载、短路和欠电压等保护，也可以用于不频繁启动电动机，是一种重要的控制和保护电器。断路器都装有灭弧装置，因此，它可以安全地带负荷合闸与分闸。由于低压断路器具有动作后无须更换元件、动作电流可以按需要进行整定、安装简便等优点，因此目前已基本上取代了胶壳刀开关加熔断器。

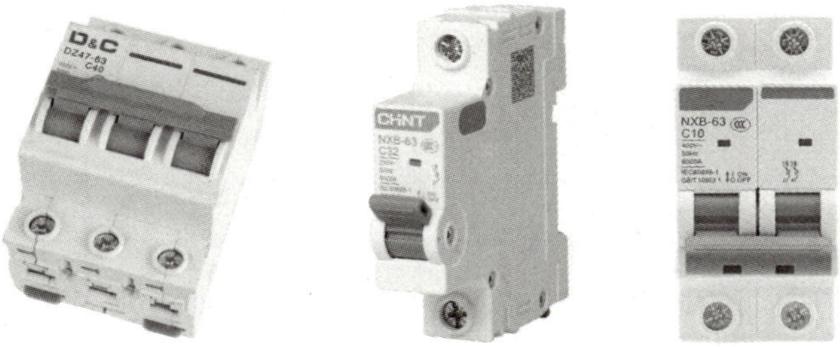

图 5.1.7　常见的低压断路器

1. 低压断路器的分类

低压断路器的种类有很多，主要分类见表 5.1.2。

表 5.1.2　低压断路器的分类

项目	类别	说　明	图　示
按相数分	1P	所谓的 P 数就是接入低压断路器中的电源相数	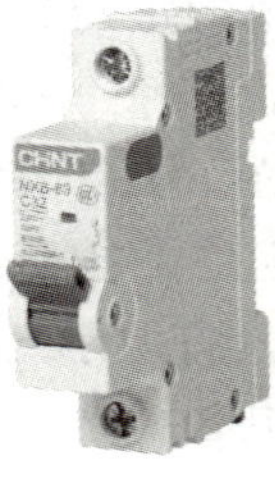

续表

项目	类别	说　明	图　示
按相数分	2P	所谓的 P 数就是接入低压断路器中的电源相数	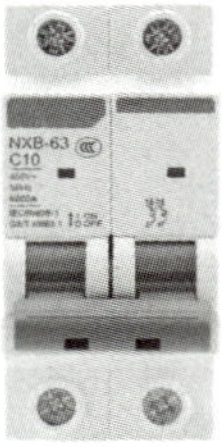
	3P		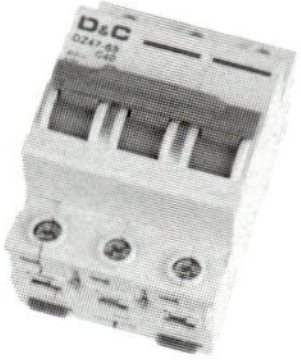
按是否带零线分	带零	带零线的断路器上标注有 N 接线端子，此处接交流电零线	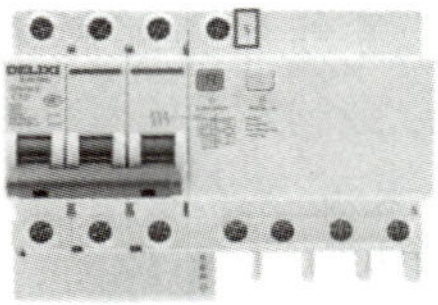
	不带零		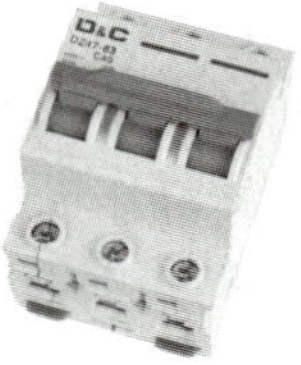
按是否具有漏电保护分	带漏保	漏电保护器简称漏电开关，又叫漏电断路器，主要是在设备发生漏电故障时起保护作用	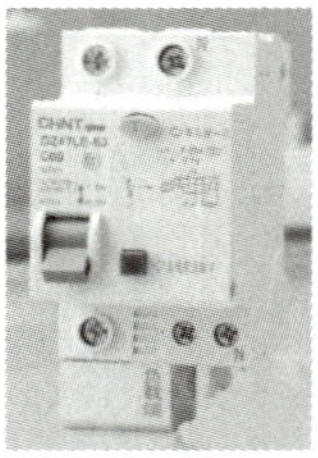
	不带漏保		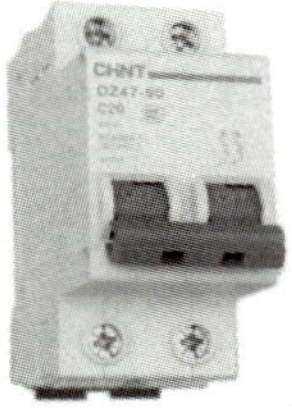

2. 低压断路器的结构

低压断路器的结构如图 5.1.8 所示。

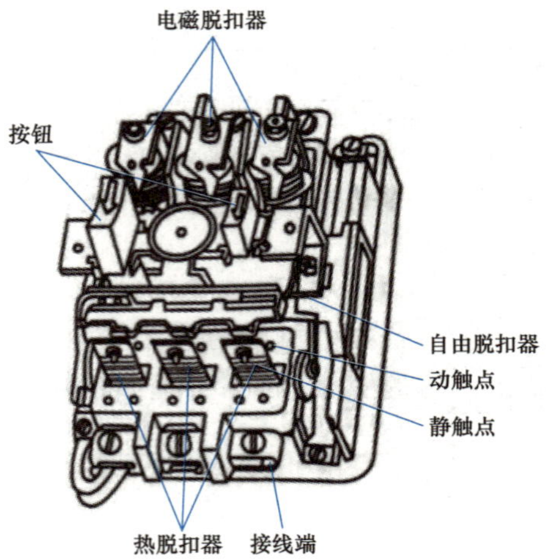

图 5.1.8　低压断路器的结构

1）触点系统

触点系统用于接通和断开电路。触点的结构形式有对接式、桥式和插入式三种，一般采用银合金材料和铜合金材料制成。

2）灭弧系统

由于断开主电路时，主触点间产生的电弧很强烈，为了加快电弧的熄灭，加装了灭弧系统。常用的灭弧方式有窄缝灭弧和金属栅灭弧。

3）操作机构

操作机构用于实现断路器的闭合与断开。操作机构的种类有手动操作机构、电动操作机构、电磁铁操作机构等。

3. 低压断路器的电气符号

低压断路器的电气符号与刀开关类似，如图 5.1.9 所示。

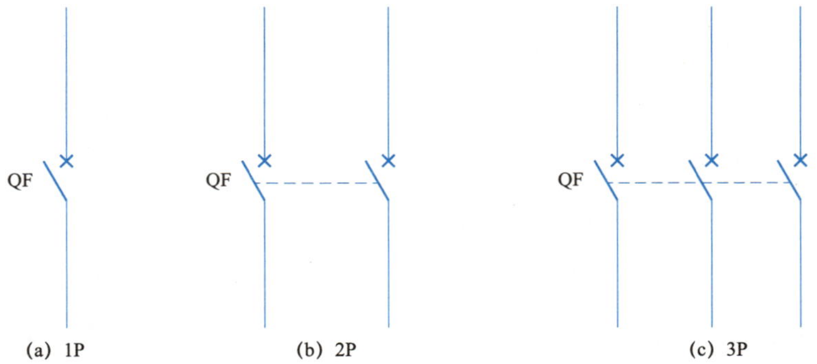

图 5.1.9　低压断路器的电气符号

任务实施

请根据任务单要求完成实训操作。

<table>
<tr><td>任务名称</td><td colspan="3">低压开关的认识</td></tr>
<tr><td>学生姓名</td><td></td><td>学号</td><td></td></tr>
<tr><td colspan="4">1. 任务内容
1）实训设备与工具
刀开关 1 只、组合开关 1 只、倒顺开关 1 只、低压断路器 1 只、数字万用表 1 台。
2）实训项目
（1）利用数字万用表的蜂鸣挡测量各开关在合闸和拉闸状态下，各组触点通断情况。
（2）将各低压开关的图形符号和文字符号填入表中。</td></tr>
</table>

低压开关	图形符号	文字符号	备注
刀开关			
组合开关			
低压断路器			

2. 实训操作

（1）操作前对工具设备进行检查，包含好坏、数量等。

（2）利用数字万用表的蜂鸣挡测量各开关在合闸和拉闸状态下，各组触点通断情况。

（3）填写各低压开关的图形符号和文字符号。

（4）整理实训工位，清点和检查工具、设备。

（5）小组验收和评价，小组长由老师监督测量过程和符号填写，小组成员由小组长负责监督测量过程和符号填写。

任务评价

本人、组长、老师分别根据任务完成情况在表 5.1.3 中进行任务评价。

表 5.1.3　任务评价表

序号	操作项目	自评	组评	师评	总评	备注
1	低压开关认识情况					
2	触点测量是否正确					
3	电气符号填写是否正确					
4	工位整理					
得分						

任务总结

将本任务实施过程中的收获与问题总结填写在表 5.1.4 中。

表 5.1.4　收获与问题总结表

序号	我学会的	我的疑问	解决办法
1			
2			
3			
4			
5			

存在的问题：

____

____

____

任务 5.2　常用主令电器的认识

任务导入

主令电器是工业自动化系统中常用到的电器，它和生活中的开关较类似，是发出指令或进行程序控制的开关电器。主令电器的主要功能是控制接触器、继电器或其他电器线圈，使电路接通或分断，从而达到控制生产机械或电力拖动系统的启动、停止及工作状态变换的目的。

任务目标

1. 认识不同种类的主令电器。
2. 了解常用主令电器的作用。
3. 了解常用主令电器的结构。
4. 掌握常用主令电器的电气符号的画法。

任务准备

主令电器主要用于切换控制电路中接触器或继电器线圈的电源，通过接触器主触点的动作来“命令”电动机及其他控制对象的启动、停止或工作状态的变换，因此，称这类发布命令的电器为“主令电器”。主令电器的种类有很多，常用的主令电器有控制按钮、行程开关、万能转换开关等。

5.2.1　控制按钮

1. 控制按钮的作用

控制按钮在低压控制电路中用于手动发出控制信号及远距离控制，也称为按钮，用于接通、分断 5 A 以下的小电流电路，一般情况下它不直接控制主电路，而是在控制电路中发出指令或信号。常见的控制按钮如图 5.2.1 所示。

2. 控制按钮的结构

控制按钮一般由按钮帽、复位弹簧、桥式动触头、静触头、支柱连杆及外壳等部分组成，如图 5.2.2 所示。

图 5.2.1　常见的控制按钮

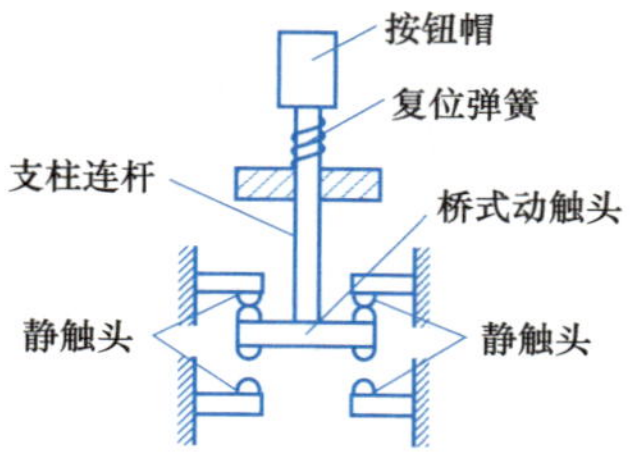

图 5.2.2　控制按钮的结构

3. 控制按钮的分类

按钮的种类有很多，主要分类见表 5.2.1。

表 5.2.1　控制按钮的分类

分类方式	类别	说　明	图　示
按功能特性分	自复位式按钮开关	这类按钮在手动操作后会自动复位到初始状态	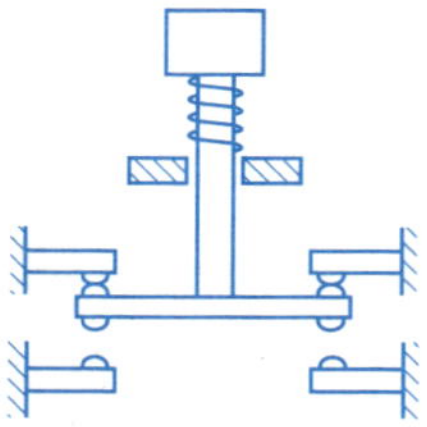
	自锁式按钮开关	与自复位式不同，自锁式按钮在按下后会保持在当前状态，直到再次操作才会改变	
	旋钮式开关	通过旋转旋钮来控制电路的通断或调整参数	
	旋柄式开关	与旋钮式类似，但操作方式可能略有不同，通常用于需要较大操作力矩的场合	

续表

分类方式	类别	说　明	图　示
按功能特性分	蘑菇头式开关	因其按钮顶部形似蘑菇而得名，通常用于紧急停止等需要快速识别的场合	
	带指示灯的按钮开关	在按钮上集成了指示灯，用于显示电路的状态，如通断、故障等	
	带钥匙的旋钮开关	这类开关需要特定的钥匙才能操作，通常用于需要限制访问权限的场合	
按按钮动静触点接触方式分	动合触点（常开触点）	这类按钮动静触点初始状态为打开状态，当被按下时动静触点便切换为闭合状态，常用 NO 表示	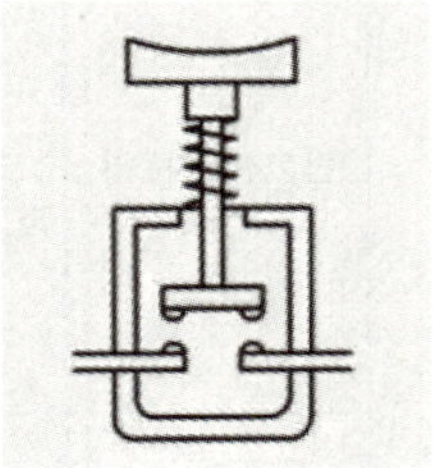
	动断触点（常闭触点）	这类按钮动静触点初始状态为闭合状态，当被按下时动静触点便切换为断开状态，常用 NC 表示	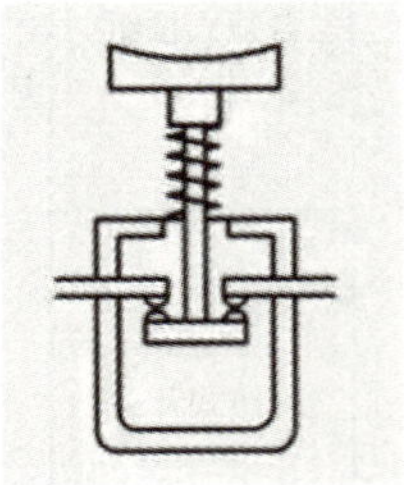
按按钮颜色分	红	通常用于紧急、危险情况时的操作，如急停按钮	
	黄	通常为异常情况时操作，用于干预、制止异常情况	
	绿	用于正常情况时的启动操作	
	蓝	通常用于要求强制动作情况时的操作	
	黑、白、灰	未赋予特定含义，可用于除急停以外的一般控制操作	

续表

分类方式	类别	说　明	图　示
按操作方式分	机械式按钮	通过机械方式来完成连接和断开电路的控制按钮，如电子开关、电子钥匙等	
	触摸式按钮	通过触摸方式来完成连接和断开电路的控制按钮，如智能手机、平板电脑等设备上的触摸按钮	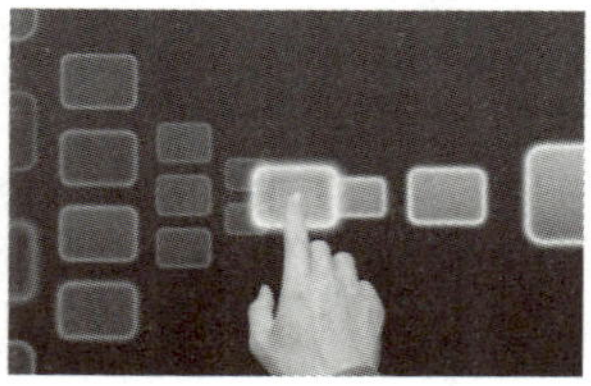
	触控屏	一种较新型的控制按钮，通过对屏幕进行手势操作来实现设备控制	

4. 控制按钮的电气符号

控制按钮的电气符号如图 5.2.3 所示。

文字符号	SB	SB	SB
图形符号		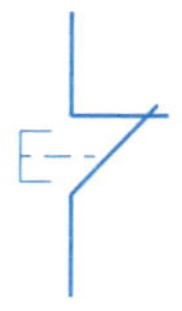	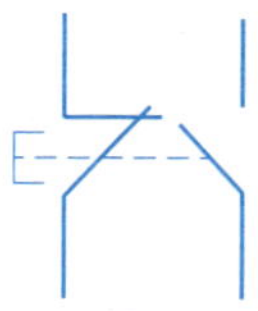
文　字	常开按钮	常闭按钮	复合按钮
	A	B	C

图 5.2.3 控制按钮的电气符号

5.2.2 行程开关

1. 行程开关的作用

行程开关也称为位置开关，是一种利用生产机械运动部件的碰撞使其触头动作，从而接通或分断控制电路的电器装置。行程开关属于小电流主令电器的一种，广泛用于各类机床、起重机械、自动生产线等设备的限位和程序控制，常见的行程开关如图 5.2.4 所示。

图 5.2.4　常见的行程开关

2. 行程开关的结构

行程开关一般由操作头、触点系统和外壳组成，如图 5.2.5 所示。操作头包括推杆和弹簧等，用于接收机械部件的碰撞或推动，触点系统则负责实现电路的接通或分断。

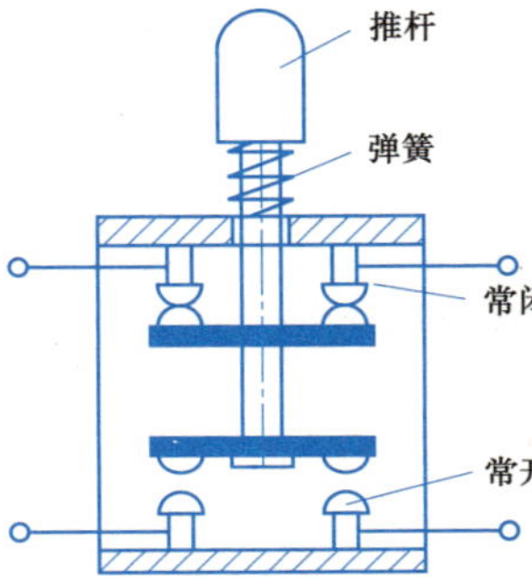

图 5.2.5　行程开关的结构

3. 行程开关的分类

行程开关根据其结构和工作原理的不同，可以分为多种类型。表 5.2.2 所示为行程开关的分类。

表 5.2.2　行程开关的分类

类型	说　明	图　示
直动式	直动式行程开关的触点动作直接与机械部件的直线运动位置相关。当机械部件（如滑块、杠杆等）移动到行程开关的预定位置时，会直接推动开关内部的触头，使电路接通或断开	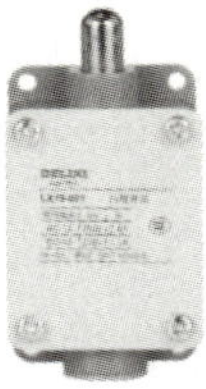
滚轮式	滚轮式行程开关通过滚轮的转动来驱动触点的动作。当机械部件接触到滚轮并使其转动到一定角度时，滚轮会带动内部的机械结构使触点闭合或断开	

续表

类型	说　明	图　示
微动式	微动式行程开关具有极高的灵敏度和精度，能够检测到微小的位移或振动。它通常包含一个微小的弹簧片和触点，当机械部件接触到开关并产生微小位移时，弹簧片会弯曲并导致触点闭合或断开	
组合式	组合式行程开关结合了多种行程开关的特点，可以根据具体需求进行定制。它可能包含直动式、滚轮式和微动式等多种类型的触点，以满足复杂的控制要求	

4. 行程开关的电器符号

行程开关的电气符号如图 5.2.6 所示。

常开触头　　常闭触头

图 5.2.6　行程开关的电气符号

5.2.3　万能转换开关

1. 万能转换开关的作用

万能转换开关主要用于控制电路的转换或功能切换、电气测量仪表的转换及配电设备（高压断路器、低压断路器等）的远距离控制，亦可用于控制伺服电动机和其他小容量电动机的启动、换向及变速等。由于这种开关触点数量多，因而可同时控制多条控制电路，用途较广，故称为万能转换开关。

2. 万能转换开关的结构

万能转换开关由触点系统、操作机构、转轴、手柄、定位机构等主要部件组成，用螺栓组装成整体。图 5.2.7 所示为典型的万能转换开关。

万能转换开关的触点组数可按需要进行不同的组合。用于电动机正反转控制的 LW5 系列万能转换开关，其手柄有“0”位、左转 45° 和右转 45° 三个位置，分别对应于电动机的“停止”“正转”和“反转”三种运行状态。

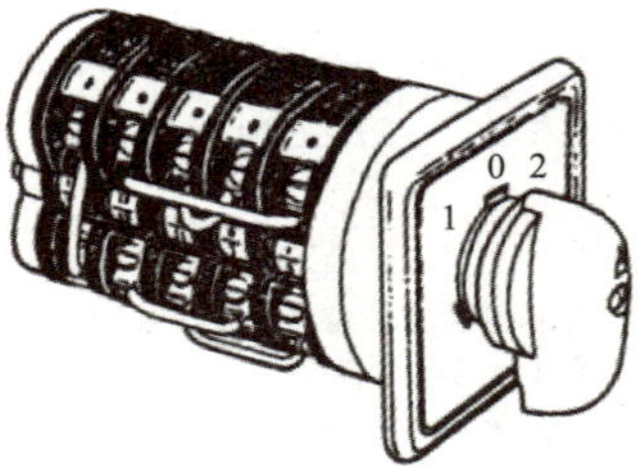

图 5.2.7　典型的万能转换开关

3. 万能转换开关的分类

万能转换开关根据手柄形式可分为旋钮式、普通式、带定位钥匙式和带信号灯式等。

4. 万能转换开关的电气符号

万能转换开关的电气符号与组合开关的电气符号相同。

任务实施

请根据任务单要求完成实训操作。

任务名称	主令电器的认识		
学生姓名		学号	

1. 任务内容

1）实训设备与工具

控制按钮随机 3 只、行程开关 1 只、万能转换开关 1 只、数字万用表 1 台。

2）实训项目

（1）利用数字万用表的蜂鸣挡测量各主令电器在按动按钮、撞击行程开关操作头、改变万能转换开关的挡位时各组触点的通断情况。

（2）将各主令电器的图形符号和文字符号填入表中。

低压电器	图形符号	文字符号	备注
控制按钮			
行程开关			
万能转换开关			

2. 实训操作

（1）操作前对工具设备进行检查，包含好坏、数量等。

（2）利用数字万用表的蜂鸣挡测量各主令电器中各组触点的通断情况。

（3）填写各主令电器的图形符号和文字符号。

（4）整理实训工位，清点和检查工具、设备。

（5）小组验收和评价，小组长由老师监督测量过程和符号填写，小组成员由小组长负责监督测量过程和符号填写。

任务评价

本人、组长、老师分别根据任务完成情况在表 5.2.3 中进行任务评价。

表 5.2.3　任务评价表

序号	操作项目	自评	组评	师评	总评	备注
1	主令电器认识情况					
2	触点测量是否正确					
3	电气符号填写是否正确					
4	工位整理					
得分						

任务总结

将本任务实施过程中的收获与问题总结填写在表 5.2.4 中。

表 5.2.4　收获与问题总结表

序号	我学会的	我的疑问	解决办法
1			
2			
3			
4			
5			

存在的问题：

____

____

____

任务 5.3　熔断器的认识

任务导入

当电路出现短路故障或严重过载情况时，线路会出现持续发热现象，如果不及时切断故障电路的电源，将会导致电路工作不正常，引发电气火灾等事故，为了防范这一类事故发生，要在电路中加入熔断器。

任务目标

1. 了解熔断器的作用。
2. 认识熔断器的结构。
3. 认识熔断器的电气符号。

4. 了解熔断器的分类。
5. 掌握熔断器的工作原理。

任务准备

1. 熔断器的作用

熔断器广泛用于低压供配电系统和控制系统中，当电路发生短路或严重过载时，熔断器中的熔体将自动熔断，从而切断电路，起到保护作用，图 5.3.1 所示为常见的熔断器。

图 5.3.1　常见的熔断器

2. 熔断器的分类

熔断器的种类有很多，按其结构可分为插入式熔断器、螺旋式熔断器、无填料封闭管式熔断器、有填料封闭管式熔断器、快速熔断器及自复式熔断器等，具体见表 5.3.1。

表 5.3.1　熔断器的分类

类型	说　明	结构图示
RClA 系列插入式熔断器（瓷插式熔断器）	一般用在交流 50 Hz、额定电压 380 V 及以下，额定电流 200 A 及以下的低压线路末端或分支电路中，用作电气设备的短路保护及一定程度的过载保护	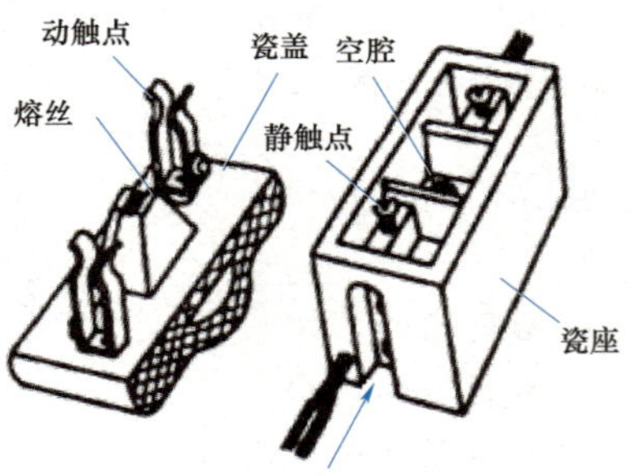

续表

类型	说　明	结构图示
RL1 系列螺旋式熔断器	广泛应用于控制箱、配电屏、机床设备及振动较大的场合，在交流额定电压 500 V、额定电流 200 A 及以下的电路中，用作短路保护	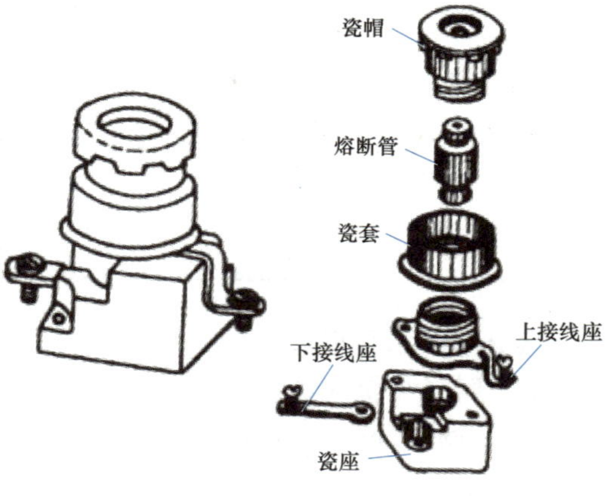
RM10 系列无填料封闭管式熔断器	适用于交流 50 Hz、额定电压 380 V 或直流额定电压 440 V 及以下电压等级的动力网络和成套配电设备中，用作导线、电缆及较大容量电气设备的短路保护和连续过载保护	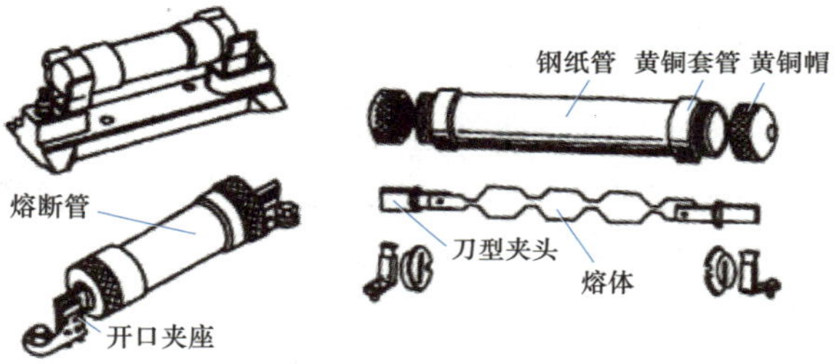
RT0 系列有填料封闭管式熔断器	一种大分断能力的熔断器，广泛用于短路电流较大的电力输配电系统中，用作电缆、导线和电气设备的短路保护及导线、电缆的过载保护	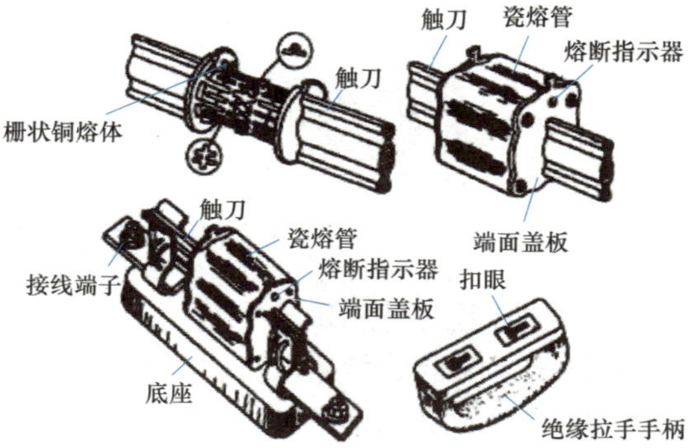
快速熔断器	用作硅元件变流装置内部的短路保护。由于硅元件的过载能力差，因此要求短路保护元件应具有快速动作的特征。快速熔断器能满足这种要求，且结构简单，使用方便，动作灵敏可靠，因而得到了广泛应用	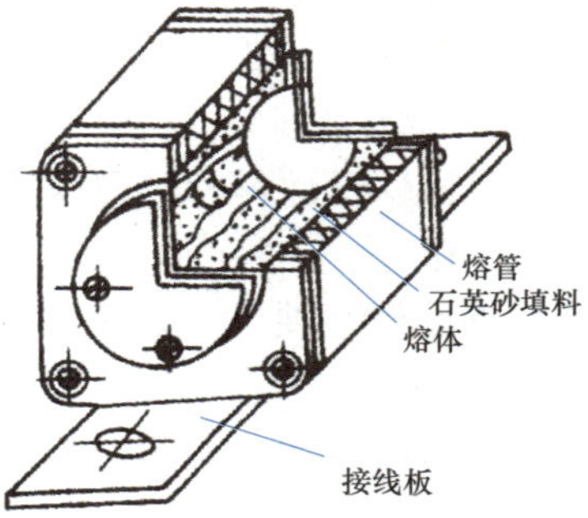

续表

类型	说　明	结构图示
自复式熔断器	一种限流电器，其本身不具备分断能力，但是和断路器串联使用时，可以提高断路器的分断能力，可以多次使用	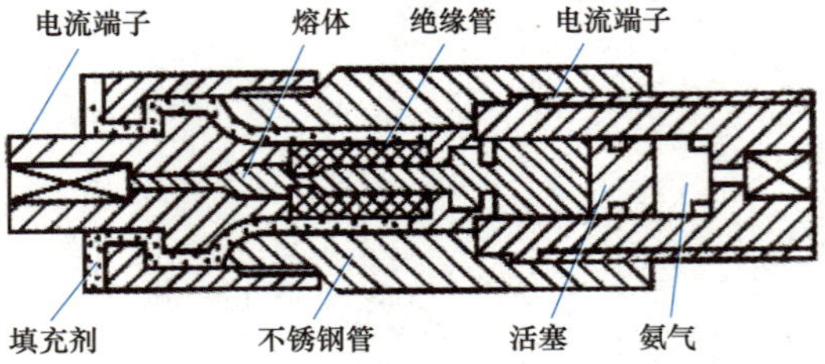

3. 熔断器的工作原理

利用金属导体作为熔体串联在被保护的电路中，当电路发生过载或短路故障时，若通过熔断器的电流超过某一规定值，则以其自身产生的热量使熔体熔断，从而自动分断电路，起到保护作用。

值得注意的是，当电气设备发生轻度过载时，熔断器将持续很长时间才熔断，有时甚至不熔断。因此，除在照明电路中外，熔断器一般不宜用作过载保护，主要用作短路保护。

4. 熔断器的电气符号

熔断器的电气符号和电阻器的电气符号很像，读者在识别电气符号的时候要注意区分，如图 5.3.2 所示。

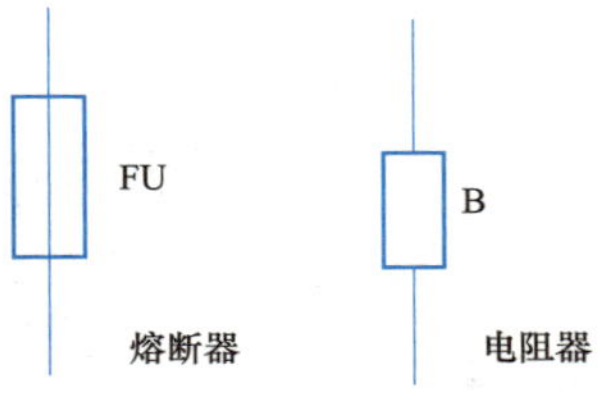

图 5.3.2　熔断器、电阻器的电气符号

5. 熔断器使用注意事项

（1）低压熔断器的额定电压应与线路的电压相吻合，不能低于线路电压。

（2）熔体的额定电流不可大于熔管（支持件）的额定电流。

（3）熔断器的极限分断能力应高于被保护线路的最大短路电流。

（4）安装熔体时必须注意不要使其受机械损伤，特别是较柔软的铅锡合金丝，以免发生误动作。

（5）安装时应保证熔体和触刀以及触刀和刀座接触良好，以免因接触电阻过大而使温度过高发生误动作。

（6）更换熔体时，要注意新换熔体的规格应与旧熔体的规格相同，以保证动作的可靠性。

（7）更换熔体或熔管，必须在不带电的情况下进行。

任务实施

请根据任务单要求完成实训操作。

<table>
<tr><td>任务名称</td><td colspan="3">熔断器的认识</td></tr>
<tr><td>学生姓名</td><td></td><td>学号</td><td></td></tr>
<tr><td colspan="4">1. 任务内容
1）实训设备与工具
熔断器随机 3 只、熔芯若干、数字万用表 1 台。
2）实训项目
（1）根据图示，读出熔断器铭牌上的额定电流。
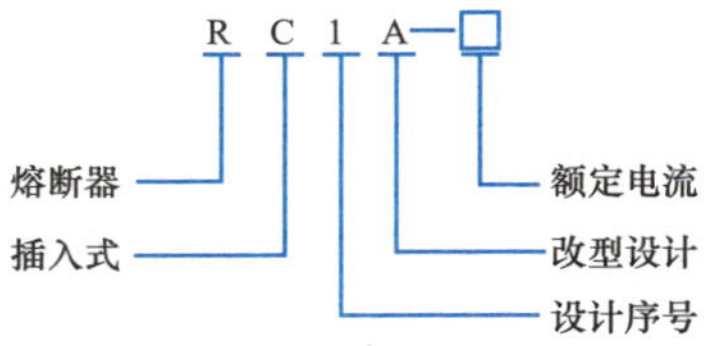

（2）利用万用表判断熔断器熔芯的好坏。
（3）更换损坏的熔芯。</td></tr>
<tr><td colspan="4">2. 实训操作
（1）操作前对工具设备进行检查，包含好坏、数量等。
（2）正确读出熔断器的额定电流。
（3）检测熔断器好坏，更换损坏的熔芯。
（4）整理实训工位，清点和检查工具、设备。
（5）小组验收和评价，小组长由老师监督测量过程，小组成员由小组长负责监督测量过程。</td></tr>
</table>

任务评价

本人、组长、老师分别根据任务完成情况在表 5.3.2 中进行任务评价。

表 5.3.2 任务评价表

序号	操作项目	自评	组评	师评	总评	备注
1	熔断器的铭牌认识					
2	熔断器好坏的测量					
3	熔断器熔芯的更换					
4	工位整理					
得分						

任务总结

将本任务实施过程中的收获与问题总结填写在表 5.3.3 中。

表 5.3.3 收获与问题总结表

序号	我学会的	我的疑问	解决办法
1			
2			
3			
4			
5			

存在的问题：

任务 5.4 交流接触器的认识

任务导入

交流接触器是一种在电力系统中被广泛应用的自动切换电器，主要用于接通或切断电动机或负载主电路。它的控制对象主要是电动机，它不仅能实现远距离自动操作和欠电压释放保护功能，而且具有控制容量大、工作可靠、操作频率高、使用寿命长等优点。

任务目标

1. 了解交流接触器的工作原理。
2. 熟悉交流接触器的结构。
3. 认识交流接触器的电气符号。

任务准备

交流接触器是一种利用电磁力来使开关闭合或断开的电器，图 5.4.1 所示是常见的交流接触器。

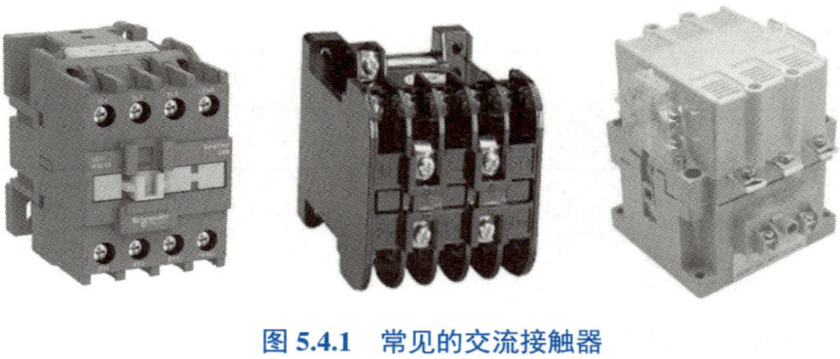

图 5.4.1 常见的交流接触器

1. 交流接触器的工作原理

交流接触器的工作原理基于电磁力与弹簧弹力的配合。当吸引线圈通电后，静铁芯产生电磁吸力，将动铁芯（衔铁）吸合，与动铁芯相连的连杆带动触头动作，使常闭触头断开，常开触头闭合，从而接通电源。当吸引线圈断电时，电磁吸力消失，动铁芯在复位弹簧的作用下释放，所有触头随之复位，切断电源。

2. 交流接触器的结构

交流接触器主要由电磁系统、触点系统、灭弧装置和其他部件组成，其结构如图 5.4.2 所示。

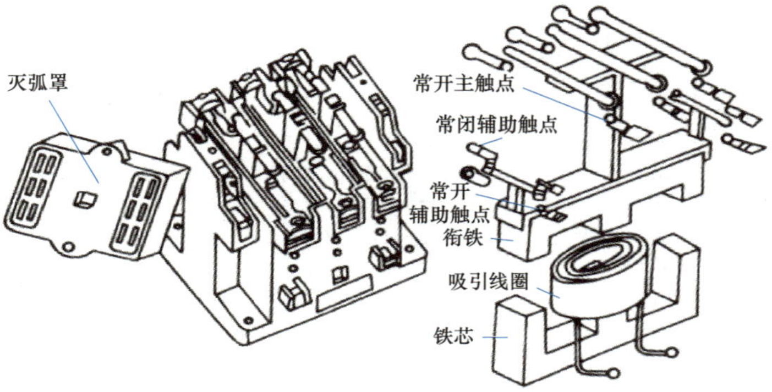

图 5.4.2　交流接触器的结构

（1）电磁系统：用来操作触头闭合与分断，包括铁芯、吸引线圈、衔铁。铁芯用硅钢片叠成，以减少铁芯中的铁损耗，在铁芯端部极面上装有短路环，其作用是消除交流电磁铁在吸合时产生的振动和噪声。

（2）触点系统：起着接通和分断电路的作用，包括主触点和辅助触点。通常主触点用于通断电流较大的主电路，辅助触点用于通断电流较小的控制电路。

（3）灭弧装置：起着熄灭电弧的作用。

（4）其他部件：主要包括反作用弹簧、缓冲弹簧、触头压力弹簧片、传动机构及外壳等。

3. 交流接触器的电气符号

交流接触器的结构较为复杂，其主要电气部分由线圈、主触点、辅助触点（动合辅助触点 NO、动断辅助触点 NC）组成，每个部分的电气符号都不一样，具体如图 5.4.3 所示。

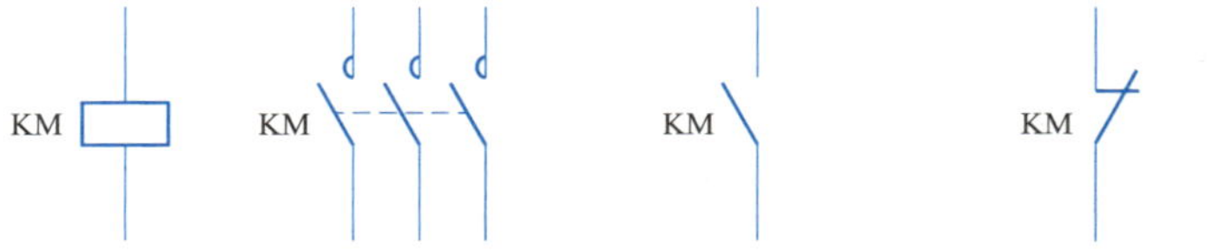

(a) 线圈　(b) 主触点　(c) 动合辅助触点　(d) 动断辅助触点

图 5.4.3　交流接触器的电气符号

4. 交流接触器的选择与维护

（1）选择：在选择交流接触器时，需要根据负载性质、电压等级、额定电流等因素进行综合考虑。同时，还需要注意吸引线圈的额定电压与频率要与所在控制电路的选用电压和频率相一致。

（2）维护：交流接触器的维护包括运行检查和停止维护两部分。在设备运行中，需要检查负载电流是否在额定范围内、分合指示信号是否与电路正常工作状态相符合、声音是否正常等。在设备停止工作时，则需要进行外部清理、触点系统检查、铁芯部分维护、电磁线圈维护和灭弧罩部分维护等工作。

5. 交流接触器的型号

交流接触器的铭牌上标有交流接触器的型号，型号由多位字母和数字组成，每一位的含义如图 5.4.4 所示。

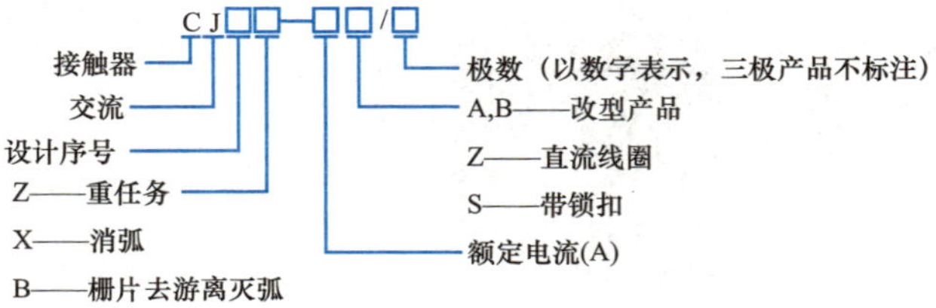

图 5.4.4　交流接触器的型号

任务实施

请根据任务单要求完成实训操作。

<table>
<tr><td>任务名称</td><td colspan="3">交流接触器的认识</td></tr>
<tr><td>学生姓名</td><td></td><td>学号</td><td></td></tr>
<tr><td colspan="4">1. 任务内容
1）实训设备与工具
交流接触器随机 3 只、数字万用表 1 台。
2）实训项目
（1）根据图 5.4.4，读出交流接触器铭牌上的额定电流。
（2）利用万用表测出线圈的电阻。
（3）利用万用表判断出交流接触器辅助触点的类型。
（4）画出交流接触器的电气符号。
注：以上参数全填入表中。</td></tr>
</table>

<table>
<tr><th>序号</th><th>铭牌型号参数</th><th>额定电流</th><th>线圈电阻</th><th>辅助触点类型</th></tr>
<tr><td>KM1</td><td></td><td></td><td></td><td></td></tr>
<tr><td>KM2</td><td></td><td></td><td></td><td></td></tr>
<tr><td>KM3</td><td></td><td></td><td></td><td></td></tr>
<tr><td rowspan="3">电气符号</td><td>交流接触器主触点</td><td colspan="2">交流接触器辅助触点</td><td>交流接触器线圈</td></tr>
<tr><td rowspan="2"></td><td>NO</td><td>NC</td><td rowspan="2"></td></tr>
<tr><td></td><td></td></tr>
</table>

续表

2. 实训操作 （1）操作前对工具设备进行检查，包含好坏、数量等。 （2）识别各交流接触器铭牌上标注的型号。 （3）读出交流接触器的额定电流。 （4）利用万用表测出交流接触器的线圈电阻。 （5）利用万用表判断交流接触器辅助触点的类型。 （6）画出交流接触器的电气符号。 （7）整理实训工位，清点和检查工具、设备。 （8）小组验收和评价，小组长由老师监督实操过程和表格填写情况，小组成员由小组长负责监督测量过程和表格填写情况。

任务评价

本人、组长、老师分别根据任务完成情况在表 5.4.1 中进行任务评价。

表 5.4.1　任务评价表

序号	操作项目	自评	组评	师评	总评	备注
1	交流接触器的铭牌认识					
2	交流接触器线圈电阻的测量					
3	交流接触器辅助触点类型的判断					
4	交流接触器电气符号的绘制					
5	工位整理					
得分						

任务总结

将本任务实施过程中的收获与问题总结填写在表 5.4.2 中。

表 5.4.2　收获与问题总结表

序号	我学会的	我的疑问	解决办法
1			
2			
3			
4			
5			

存在的问题：

任务 5.5 常用继电器的认识

任务导入

继电器是一种电控制器件，是当输入量的变化（如电流、电压、功率、阻抗、频率、温度、压力、速度、光等）达到规定要求时，在电气输出电路中使被控量发生预定的阶跃变化的一种电器。它具有控制系统（又称输入回路）和被控制系统（又称输出回路）之间的互动关系。通常应用于自动化的控制电路中，它实际上是用小电流去控制大电流运作的一种“自动开关”，在电路中起着自动调节、安全保护、转换电路等作用。

任务目标

1. 了解继电器的分类。
2. 了解各继电器的结构。
3. 理解各继电器的工作原理。
4. 掌握各继电器电气符号的画法。

任务准备

继电器的种类较多，按照它在电力拖动自动控制系统中的作用，可分为控制电器和保护电器两种类型。其中，中间继电器、时间继电器和速度继电器多作为控制电器使用；热继电器、欠电压继电器和过电流继电器则作为保护电器使用。本任务主要介绍热继电器、时间继电器、中间继电器这三种常用的继电器。

5.5.1 热继电器

热继电器是一种利用电流通过发热元件时所产生的热量，使双金属片受热弯曲而推动触点动作的保护电器，它属于低压控制电器，常见的热继电器如图 5.5.1 所示。

图 5.5.1 常见的热继电器

1. 热继电器的工作原理

热继电器的工作原理基于热敏响应元件和电磁机械继电器原理的组合。其热敏响应元件通常是热敏电阻或热敏制动器，这些元件在电流通过时会产生热量。当元件温度达到一定的触发温度时，热敏响应元件会发生结构性变化，使得机械继电器的触点进行切换，从而切断或连接电路。

具体来说，热继电器内部有一个双金属片，它由两种不同膨胀系数的金属制成。当电流通过热元件时，双金属片因受热而弯曲，这种弯曲会推动杠杆使触点移动，从而实现电路的通断控制。

2. 热继电器的结构

热继电器主要由热元件、双金属片、触点系统、动作机构、复位按钮、整定电流装置和外壳几部分组成，如图 5.5.2 所示。

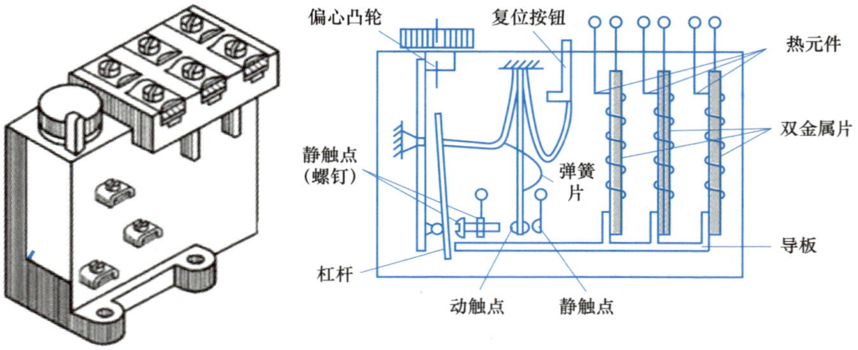

图 5.5.2　热继电器的结构

热继电器各部件介绍见表 5.5.1。

表 5.5.1　热继电器各部件介绍

部件	材料	作用	原理	组成
外壳	通常由金属材料制成	保护内部元器件免受外界物理损伤，并具有散热作用		
热元件	通常由铜或康铜等电阻材料制成，阻值不大，便于串联在电路中	热元件是热继电器的核心部件，用于检测电流通过时产生的热量	当电动机等电气设备过载时，电流通过热元件，使其发热，电阻随温度的升高而增大，从而改变其两端的电压	
双金属片	由两种不同膨胀系数的金属片叠合而成，一般分为主动层和被动层。主动层使用膨胀系数较高的材料（如铁镍铬合金），被动层则使用膨胀系数稍低的材料（如铁镍合金）	当双金属片变形达到一定角度时，会推动触点系统动作	当热元件发热时，双金属片受热膨胀，由于两种金属的膨胀系数不同，双金属片会弯曲变形	
触点系统	导电性好的金属材料		当双金属片推动触点断开时，常开触点闭合，常闭触点断开，从而实现对电动机等电气设备的保护	由触点电极、联动机构、触点组等构成。触点分为常开触点和常闭触点

续表

部件	材料	作用	原理	组成
动作机构		用于将双金属片的动作传递给触点系统	当双金属片受热弯曲时，会推动动作机构动作，使推杆绕轴转动，从而使动触片受力，将串联在控制电路中的常闭触点断开	由导板、推杆、动触片等组成
复位按钮		用于在热继电器动作后进行手动复位，使触点系统恢复到初始状态		
整定电流装置		用户可以根据电动机的额定电流和使用环境，选择合适的整定电流，实现个性化保护	通过整定旋钮调节整定电流值，以适应不同电动机的保护需求	

3. 热继电器的电气符号和型号

（1）热继电器的电气符号如图 5.5.3 所示。

图 5.5.3　热继电器的电气符号

（2）热继电器的型号参数如图 5.5.4 所示。

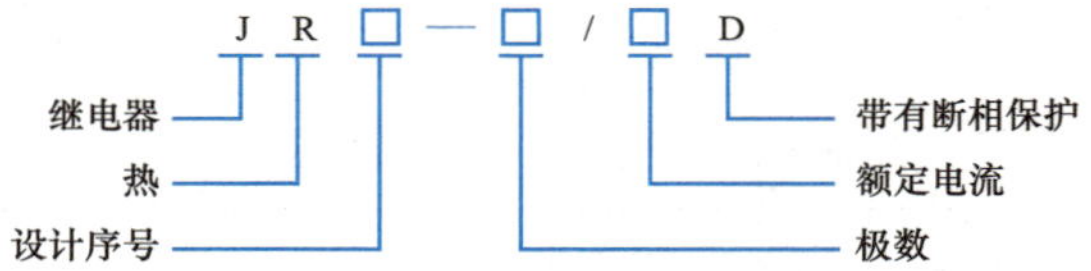

图 5.5.4　热继电器的型号参数

5.5.2　时间继电器

时间继电器是指当加入（或去掉）输入的动作信号后，其输出电路须经过规定的准确时间才产生触头动作的一种继电器。它主要用于控制电路在一定时间间隔内的开关动作，广泛应用于工业自动化系统、电力系统等领域，图 5.5.5 所示为常见的时间继电器。

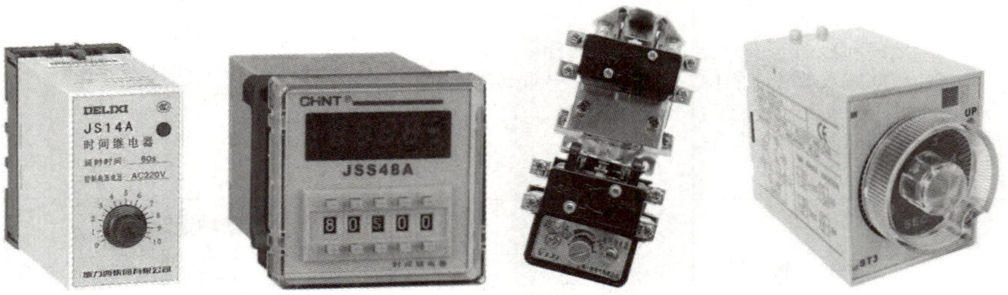

图 5.5.5　常见的时间继电器

1. 时间继电器的工作原理

时间继电器的工作原理基于电磁吸引力和释放原理。它通常由电磁铁组成，其中包含一个线圈和一个移动式铁芯。当线圈通电时，产生的磁场吸引移动式铁芯，使其接通或断开电路。移动式铁芯的位置和时间有关，通过调整继电器上的旋钮或旋转盘，可以设定所需的时间间隔。

2. 时间继电器的分类

（1）按延时方式分类：可分为通电延时型时间继电器和断电延时型时间继电器。通电延时型时间继电器在获得输入信号（线圈通电）后立即开始延时，须待延时完毕，其执行部分才输出信号以操纵控制电路；断电延时型时间继电器在输入信号消失（线圈断电）后，需要经过一定的延时，才能恢复到动作前的状态。

（2）按结构和工作方式分类：可分为机械时间继电器和电子时间继电器。机械时间继电器通过机械结构实现延时动作；电子时间继电器通过电子元件实现延时动作，具有更高的精度和可调性。

3. 时间继电器的结构

（1）外壳：外壳通常由金属或绝缘材料制成，用于保护内部电路和元件免受外部环境的影响，如灰尘、湿气、振动等。

（2）电磁系统：包括线圈、铁芯（或磁芯）和衔铁。当线圈通电时，会产生磁场，吸引铁芯和衔铁移动。这个移动过程通常用于触发或重置时间继电器的内部机制。

（3）触点系统：触点系统由一组或多组触点组成，这些触点可以是常开（NO）、常闭（NC）或可转换的。触点的状态（开或闭）由时间继电器的内部机制控制，以实现电路的延时开闭功能。

（4）延时机构：延时机构是时间继电器的核心部分，用于实现延时功能。根据不同的延时原理，延时机构可以设计为空气阻尼式、电子式、机械式等。空气阻尼式时间继电器利用空气阻尼原理来减缓触点的动作速度，从而实现延时；电子式时间继电器通过内部的电子电路来控制延时时间；机械式时间继电器可利用齿轮、凸轮等机械结构来实现延时。

（5）调节机构：允许用户根据需要调整延时时间。对于空气阻尼式时间继电器，调节机构可能是一个旋钮或螺钉，用于改变空气室进气孔的大小或阻尼液的黏度。对于电子式时间继电器，调节机构可能是数字设置按钮或旋钮，用于直接设置延时时间。

（6）复位机构：用于在延时结束后或特定条件下将时间继电器恢复到初始状态。复位机构可以是手动的（如按钮复位），也可以是自动的（如断电自动复位）。

（7）辅助元件：如指示灯、接线端子、电路板等，用于提供状态指示、连接外部电路和支撑内部电路元件。

时间继电器的结构可能因型号、用途和制造商的不同而有所差异，但一般来说，它们的基本结构可以归纳为以上几个主要部分，图 5.5.6 所示为空气阻尼式时间继电器的结构。

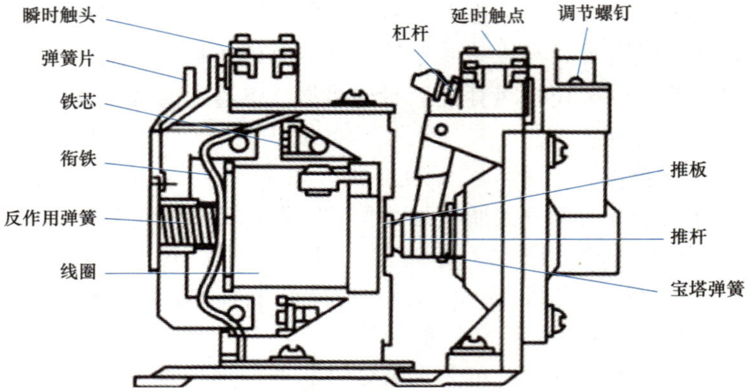

图 5.5.6　空气阻尼式时间继电器的结构

4. 时间继电器的电气符号与型号

（1）时间继电器的电气符号如图 5.5.7 所示。

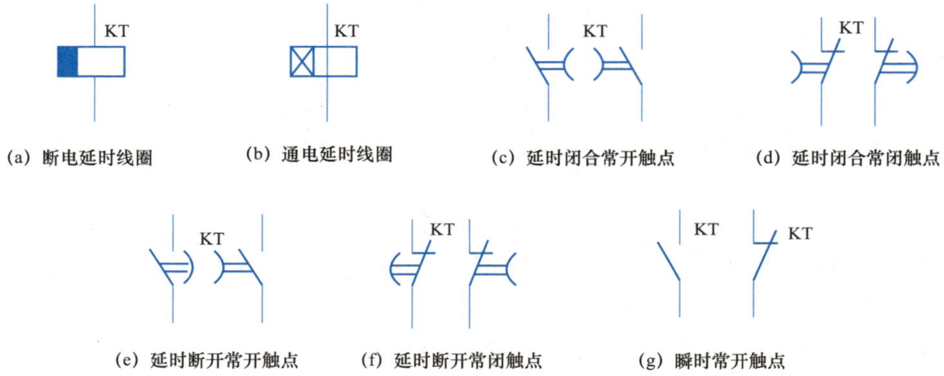

图 5.5.7　时间继电器的电气符号

（2）时间继电器的型号参数如图 5.5.8 所示。

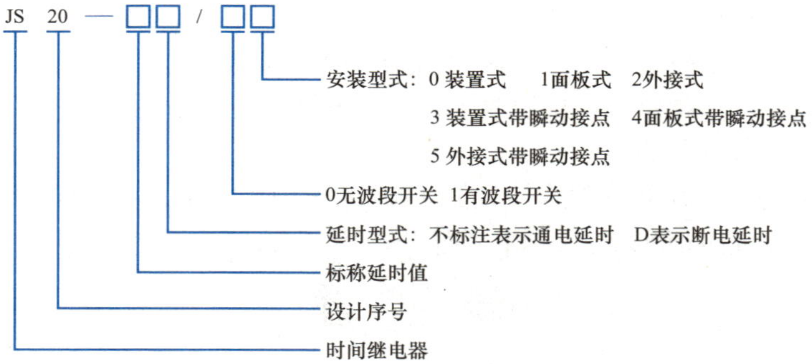

图 5.5.8　时间继电器的型号参数

5.5.3　中间继电器

中间继电器是一种在继电保护与自动控制系统中被广泛应用的电气设备，其主要作用在于增加触点的数量及容量，它基于电磁感应原理工作，当输入信号（如电压、电流等）达到设定值时，通过电磁铁产生磁场，使触点闭合或断开，从而控制输出信号，图 5.5.9 所示为常用的中间继电器。

图 5.5.9　常用的中间继电器

1. 中间继电器的工作原理

中间继电器的工作原理和交流接触器的工作原理类似，当继电器线圈通电时，产生的磁场会吸引铁芯，使触点闭合或断开，从而实现对电路的控制。这种基于电磁感应原理的工作方式使得中间继电器能够稳定、可靠地传递和放大信号。

2. 中间继电器的结构

中间继电器的结构和交流接触器类似，主要由电磁系统、触点系统、复位机构、外壳与底座等组成，如图 5.5.10 所示。

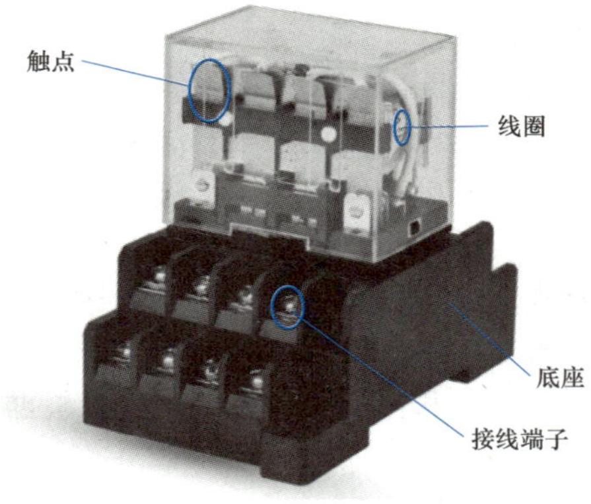

图 5.5.10　中间继电器的结构

1）电磁系统

线圈：中间继电器的核心部件之一，通常由铜线绕制而成，当线圈中通入电流时，会产生磁场。

铁芯：位于线圈内部，由磁性材料制成，当线圈通电时，铁芯会被磁化并吸引，导致触点系统的动作。

2）触点系统

静触点（也称为固定触点）：通常固定在继电器底座或绝缘材料上，不随继电器动作而移动。

动触点（也称为可动触点）：与铁芯相连，当铁芯被吸引时，动触点会移动并与静触点接触或分离，从而控制电路的通断。

中间继电器通常具有多组触点，包括常开触点和常闭触点，以满足不同的控制需求。常开触点在继电器未动作时处于断开状态，动作时闭合；常闭触点则相反。

3）复位机构

中间继电器在断电后需要恢复到初始状态，这通常通过复位机构实现。复位机构可能包括弹簧或其他弹性元件，它们会在铁芯失去磁力后使动触点复位。

4）外壳与底座

继电器的外壳通常由绝缘材料制成，用于保护内部元件免受外界环境的影响，并提供机械支撑。

底座则用于固定继电器，并连接线圈和触点系统的接线端子。

5）接线端子

接线端子用于连接外部电路，使继电器能够接入电气控制系统中。它们通常位于继电器底座上，便于接线和维修。

3. 中间继电器的分类

中间继电器的分类方式有很多，主要有按控制信号分类、按触发方式分类、按触点类型分类三种形式。

1）按控制信号分类

（1）直流继电器：线圈需要直流驱动。

（2）交流继电器：线圈需要交流驱动。

2）按触发方式分类

（1）电流触发继电器：通过电流的变化来触发继电器动作。

（2）电压触发继电器：通过电压的变化来触发继电器动作。

（3）光电触发继电器：利用光电效应来触发继电器动作。

3）按触点类型分类

（1）常开型继电器：触点在继电器未动作时处于断开状态。

（2）常闭型继电器：触点在继电器未动作时处于闭合状态。

（3）转换型继电器：具有常开和常闭两种触点，可以根据需要进行转换。

4. 中间继电器的电气符号与型号

（1）中间继电器的电气符号如图 5.5.11 所示。

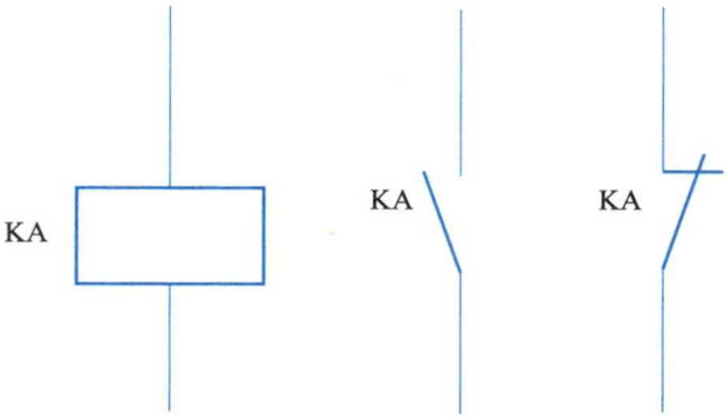

图 5.5.11　中间继电器的电气符号

（2）虽然中间继电器的系列很多，但是型号大同小异，下面以 DZ 系列为例介绍中间继电器的型号，其型号参数如图 5.5.12 所示。

DZY - 2 □□

触点编号	01	02	03	04	05	06	07	08
触点形式	002	006	202	220	240	400	402	420
触点编号	09	10	11	12	13	14	15	16
触点形式	600	602	620	800	004	060	082	080
触点编号	17	18	19	20	21	22		
触点形式	240	260	422	440	024	204		

设计序号

直流电压操作电磁式中间继电器

DZL - 2 □□

触点编号，与DZY型相同

设计序号

直流电流操作电磁式中间继电器

DZJ - 2 □□

触点编号，与DZY型相同

设计序号

交流电压操作电磁式中间继电器

图 5.5.12　中间继电器的型号参数

任务实施

请根据任务单要求完成实训操作。

任务名称	继电器的认识		
学生姓名		学号	
1. 任务内容 1）实训设备与工具 热继电器 1 只、JSZ3A 时间继电器 1 只、中间继电器 1 只、数字万用表 1 台。 2）实训项目 （1）找出热继电器的主触点、辅助触点。 （2）将时间继电器的延时时间设置为 10 s 方案。 （3）通过中间继电器的铭牌判断出中间继电器的线圈与触点，并用万用表验证。			

续表

（4）画出热继电器、时间继电器、中间继电器的电气符号。 注：将图画在下面虚线框内。
2. 实训操作 （1）操作前对工具设备进行检查，包含好坏、数量等。 （2）进行热继电器的触点判断。 （3）设置时间继电器的延时时间。 （4）判断中间继电器的线圈与触点。 （5）画出各继电器的电气符号。 （6）整理实训工位，清点和检查工具、设备。 （7）小组验收和评价，小组长由老师监督实操过程和作图情况，小组成员由小组长负责监督实操过程和作图情况。

任务评价

本人、组长、老师分别根据任务完成情况在表 5.5.2 中进行任务评价。

表 5.5.2　任务评价表

序号	操作项目	自评	组评	师评	总评	备注
1	热继电器的认识					
2	时间继电器的时间设置					
3	中间继电器的结构判断					
4	电气符号的绘制					
5	工位整理					
得分						

任务总结

将本任务实施过程中的收获与问题总结填写在表 5.5.3 中。

表 5.5.3　收获与问题总结表

序号	我学会的	我的疑问	解决办法
1			
2			
3			
4			
5			

存在的问题：

项目 6　变压器与三相异步电动机

任务 6.1　变　压　器

任务导入

在交流电传输过程中为了减少电能在传输过程中的损耗，通常采用高压传输的方法，当传输到用户端以后需要满足电器的额定电压，便需要将高压进行降压处理，能够实现这一功能的电器就是变压器，本任务旨在使读者理解变压器的基础知识，因此只介绍常见的单相变压器的相关知识。

任务目标

1. 了解单相变压器的结构。
2. 理解变压器的工作原理。
3. 了解变压器的作用。
4. 掌握变压器同名端的判断方法。

任务准备

变压器是一种常见的静止电气设备，它利用电磁感应原理，将某一数值的交变电压变换为同频率的另一数值的交变电压，图 6.1.1 所示为常见的单相变压器。

图 6.1.1　常见的单相变压器

1. 单相变压器的结构

接在单相交流电源上，用来改变单相交流电压的变压器称为单相变压器，它主要由铁芯和绕组两部分组成。

1）铁芯

（1）作用：铁芯是单相变压器的磁路部分，用于提供磁通路径，增强变压器的磁感应强度。

（2）材料：铁芯通常由硅钢片叠装而成，以提高导磁性能和减少铁损。硅钢片的厚度一般为 0.35～0.5 mm，且表面涂有绝缘漆，以减少涡流损耗。

（3）结构：铁芯由铁芯柱和铁轭两部分组成。铁芯柱上套装着变压器的绕组，而铁轭则起连接铁芯柱使磁路闭合的作用。铁芯的结构形式有叠片式、卷制式等多种，如图 6.1.2 所示。

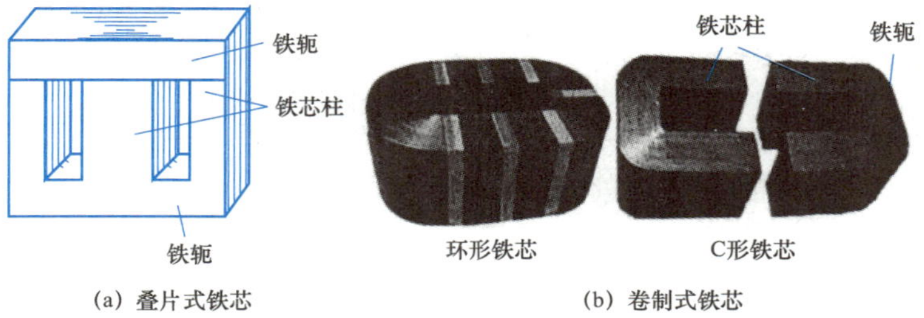

图 6.1.2　铁芯的结构

2）绕组

（1）作用：绕组是单相变压器的电路部分，用于实现电磁感应和电能转换。

（2）材料：绕组由绝缘铜线或铝线绕制而成，小变压器一般用具有绝缘的漆包圆铜线绕成。

（3）分类：绕组分为高压绕组和低压绕组，接高压电网的称为高压绕组，接低压部分的称为低压绕组。它们分别套在铁芯柱上。绕组的结构形式有心式、壳式等多种，如图 6.1.3 所示，以满足不同电压等级和容量的需求。

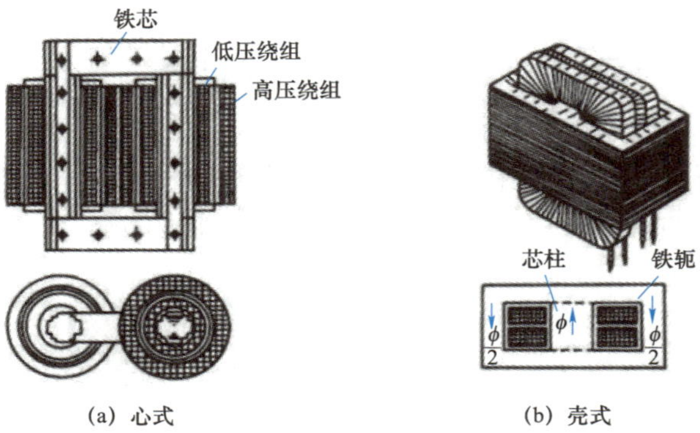

图 6.1.3　单相变压器绕组的分类

2. 单相变压器的工作原理

当交流电源通过一次绕组时，电流会在铁芯中产生交变的磁场。这个磁场会同时穿过一次绕组和二次绕组。由于一次电流 I_1 的周期性变化，穿过二次绕组的磁通量也会随之变化。尽管原边和副边的电流方向不同，但它们共同构成了变压器的磁路系统。根据法拉第电磁感应定律，当磁通量发生变化时，会在二次绕组中产生感应电动势（电压），如图 6.1.4 所示。这个感应电动势的大小与磁通的变化率成正比，即与一次绕组中的电流变化率成正比。由于二次绕组与一次绕组匝数不同，因此二次绕组中的感应电动势（即输出电压）与一次绕组中的电压不同，从而实现了电压的变换。通过调整二次绕组的匝数，可以将高电压降至适合用户设备使用的低电压，同理如果二次绕组匝数大于一次绕组的匝数，变压器就可以实现升压作用。

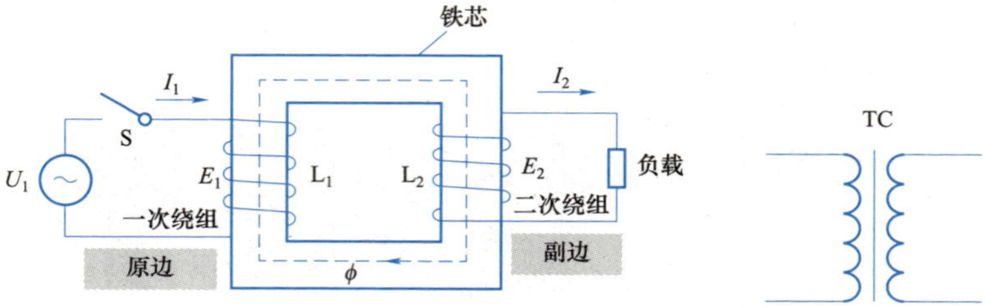

图 6.1.4　变压器的工作原理图和电气符号

3. 变压器的作用

（1）通过对变压器的工作原理分析与推导得出，变压器的输入电压 U_1 与输出电压 U_2 之比约等于一次绕组电动势 E_1 与二次绕组电动势 E_2 之比，等于变压器的一次绕组匝数 N_1 与二次绕组的匝数 N_2 之比，这个比值称为变压比，简称变比，用 K 表示，这也说明变压器具有变换电压的作用。

$$\frac{U_1}{U_2} \approx \frac{E_1}{E_2} = \frac{N_1}{N_2} = K \qquad (6\text{-}1\text{-}1)$$

（2）通过对变压器负载运行状态的分析与推导得出，变压器一次绕组的电流 I_1 与二次绕组的电流 I_2 之比与变压器的匝数成反比，这个比值称为变流比，用 K_i 表示，这也说明变压器具有电流变换作用。

$$\frac{I_1}{I_2} = \frac{N_2}{N_1} = K_i \qquad (6\text{-}1\text{-}2)$$

（3）通过对变压器输入、输出阻抗的分析，可以得到变压器的输入阻抗 Z' 等于输出阻抗 Z 与变压比的平方的乘积，也说明变压器具有阻抗变换的作用，如图 6.1.5 所示。

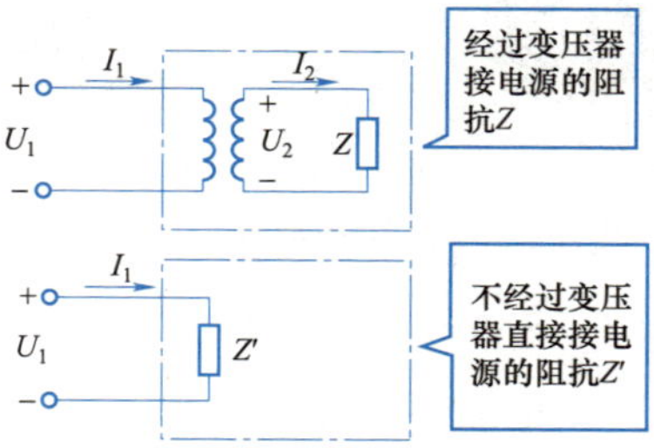

图 6.1.5　变压器的阻抗变换

$$Z=\frac{U_2}{I_2}=\frac{\frac{N_2}{N_1}U_1}{\frac{N_1}{N_2}I_1}=\frac{1}{K^2}Z' \qquad (6-1-3)$$

4. 变压器同名端的判断

（1）定义：变压器同名端是指两个或多个绕组中，在同一交变磁通的作用下，任一时刻都具有相同电势极性的端头，这些端头彼此互为同名端。相反，如果两个端头的电势极性在任何时刻都相反，则它们被称为异名端，如图 6.1.6 所示。

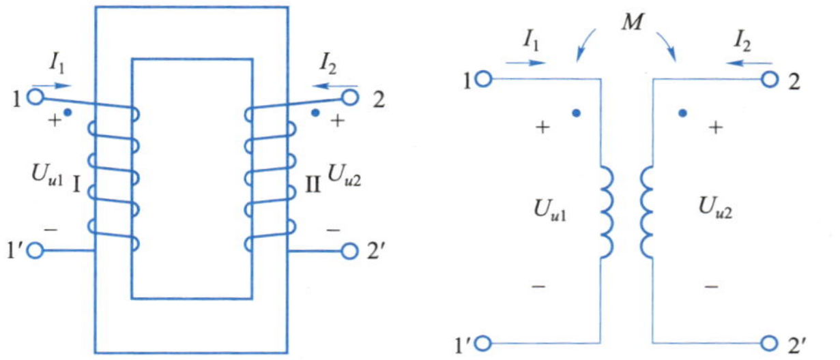

图 6.1.6　变压器同名端

（2）判断方法：将指针式万用表打在直流电压 10 V 挡，接于待测变压器的电压较高侧的绕组两端，将干电池负极接于另一绕组一端，用正极去触碰绕组的另一端，同时观察万用表的偏转方向，若电池接通时表针正偏、断开时表针反偏，说明正极端触碰的绕端与万用表红表笔接的绕组端是同名端（称为负极性），反之是异名端（称为正极性）。注意测试时人体不要触及变压器端子，防止被电击，如图 6.1.7 所示。

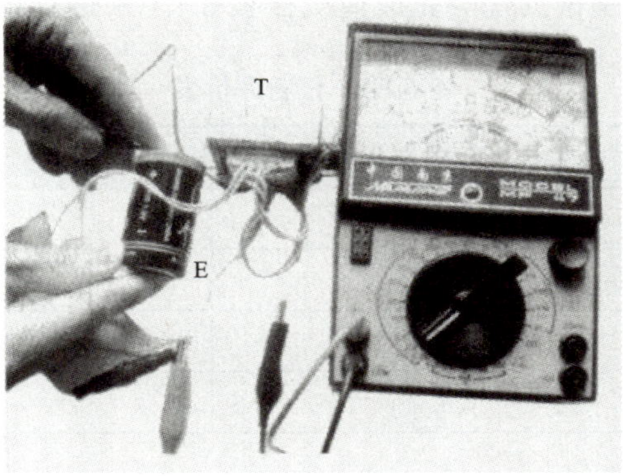

图 6.1.7　用指针式万用表判断变压器同名端的方法

任务实施

请根据任务单要求完成实训操作。

<table>
<tr><td>任务名称</td><td colspan="3">变压器同名端的判断</td></tr>
<tr><td>学生姓名</td><td></td><td>学号</td><td></td></tr>
<tr><td colspan="4">1. 任务内容
1）实训设备与工具
单相变压器 1 台、1.5 V 干电池 1 块、指针式万用表 1 台、记号笔 1 支。
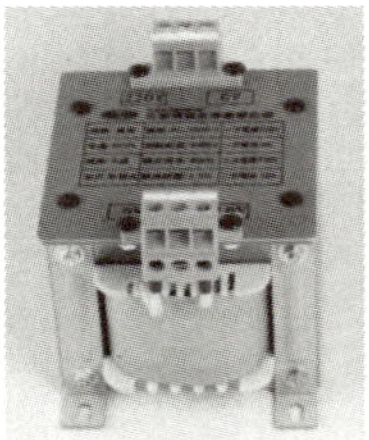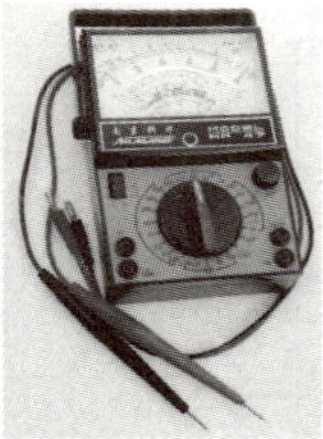
2）实训项目
根据任务准备中变压器同名端的判断方法，进行测量，找出变压器同名端，并用记号笔做好标记。</td></tr>
<tr><td colspan="4">2. 实训操作
（1）操作前对工具设备进行检查，包含好坏、数量等。
（2）利用万用表和干电池对变压器的同名端进行判断，并做好标记。
（3）整理实训工位，清点和检查工具、设备。
（4）小组验收和评价，小组长由老师监督实操过程，小组成员由小组长负责监督实操过程。</td></tr>
</table>

任务评价

本人、组长、老师分别根据任务完成情况在表 6.1.1 中进行任务评价。

表 6.1.1　任务评价表

序号	操作项目	自评	组评	师评	总评	备注
1	万用表的使用方法是否正确					
2	同名端判断是否正确					
3	是否做好标记					
4	工位整理					
得分						

任务总结

将本任务实施过程中的收获与问题总结填写在表 6.1.2 中。

表 6.1.2　收获与问题总结表

序号	我学会的	我的疑问	解决办法
1			
2			
3			
4			
5			

存在的问题：

任务 6.2　三相异步电动机的认识

任务导入

三相异步电动机是在生活和生产中运用非常广泛的拖动设备，比如用于空调压缩机、电动汽车、输送机、切割机等。它具有结构简单、运行可靠、维护方便等优点，已经成为现代工业和生活中不可或缺的设备之一。本任务主要介绍三相异步电动机的基本理论，为大家进行后续深入学习打下基础。

任务目标

1. 掌握三项异步电动机的结构。
2. 掌握三相异步电动机的工作原理。
3. 了解三相异步电动机的分类。
4. 掌握三相异步电动机的接线方法。
5. 掌握三相异步电动机定子绕组首尾端的判断方法。

任务准备

三相异步电动机是由三相交流电源驱动的将电能转换为机械能的电磁装置，由于电动机的转子转速与旋转磁场旋转速度不同步，所以称为异步电动机。

1. 三相异步电动机的结构

三相异步电动机的种类有很多，但各类三相异步电动机的基本结构是相同的，它们都由定子和转子这两大基本部分组成，在定子和转子之间具有一定的气隙。此外，还有端盖、轴承、风扇等其他附件，如图 6.2.1 所示。

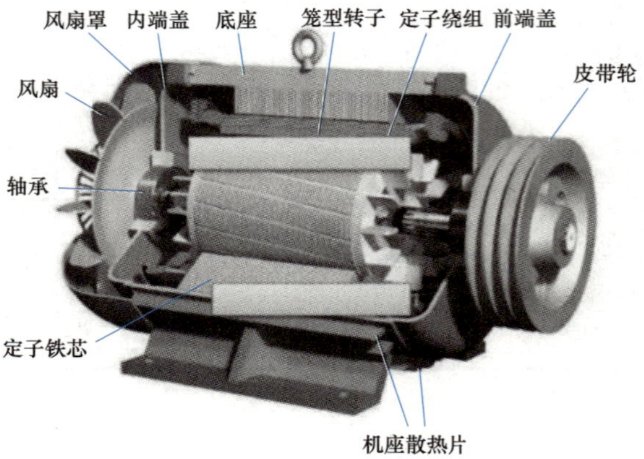

图 6.2.1　三相异步电动机的结构

1）定子

定子是三相异步电动机的固定部分，主要由以下四部分组成。

（1）定子铁芯：定子铁芯是电动机磁路的一部分，一般由 0.5 mm 厚的导磁性能较好的硅钢片叠成，安放在机座内，如图 6.2.2 所示。这种结构有助于减少涡流损耗和磁滞损耗，提高电动机的效率。

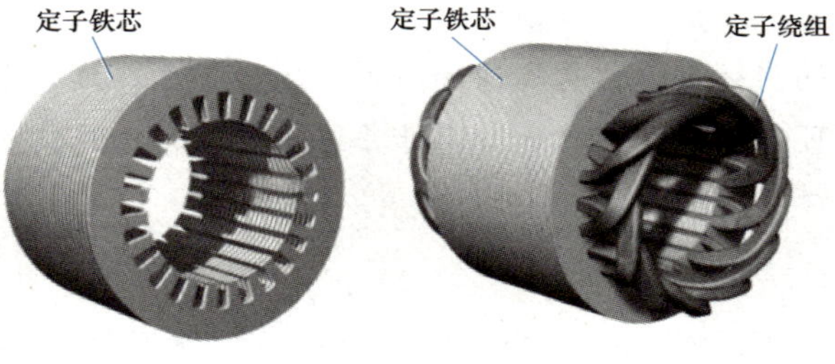

图 6.2.2　三相异步电动机的定子结构

（2）定子绕组：定子绕组是电动机的电路部分，它嵌放在定子铁芯冲片的内圆槽内，如图 6.2.2 所示。定子绕组分单层和双层两种，一般小型异步电动机采用单层绕组，大中型异步电动机采用双层绕组。绕组通电后会产生旋转磁场，这是电动机工作的基础。

（3）机座：机座的作用是固定和支撑定子铁芯及端盖，因此，机座应有较好的机械强度和刚度。中小型电动机一般采用铸铁机座，大型电动机则采用钢板焊接而成。

（4）端盖：端盖对内部起保护作用，并借助滚动轴承将电动机转子和机座连成一个整体。端盖一般为铸钢件，微型电动机则为铸铝件。

2）转子

转子是三相异步电动机的运转部分，它位于定子的内部，并能在定子中旋转。转子主要由以下三部分组成。

（1）转子铁芯：转子铁芯也是电机磁路的一部分，一般也用 0.5 mm 厚的硅钢片叠成。转子铁芯冲片有嵌放绕组的槽，用于放置转子绕组。转子铁芯固定在转轴或转子支架上。

（2）转子绕组：转子绕组是电动机的另一个关键部分，它根据结构形式的不同，可分为笼型转子和绕线型转子两种。笼型转子的绕组由插入铁芯槽中的裸导条和两端的短路环组成，形成一个自身闭合的多相短路绕组，如图 6.2.3 所示。绕线型转子的绕组则与定子绕组相似，是在绕线型转子铁芯的槽内嵌有绝缘导线组成的三相绕组，一般作星形联结，三个端头分别接在与转轴绝缘的三个滑环上，再经一套电刷引出来与外电路相连，如图 6.2.4 所示。

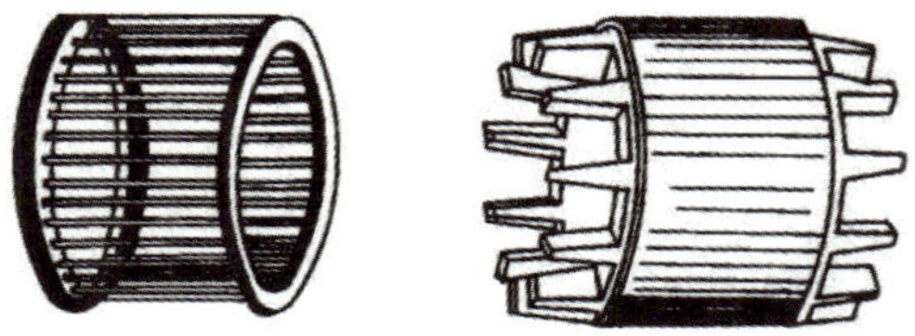

（a）铜条绕组转子　　（b）铸铝绕组转子

图 6.2.3　笼型转子的结构

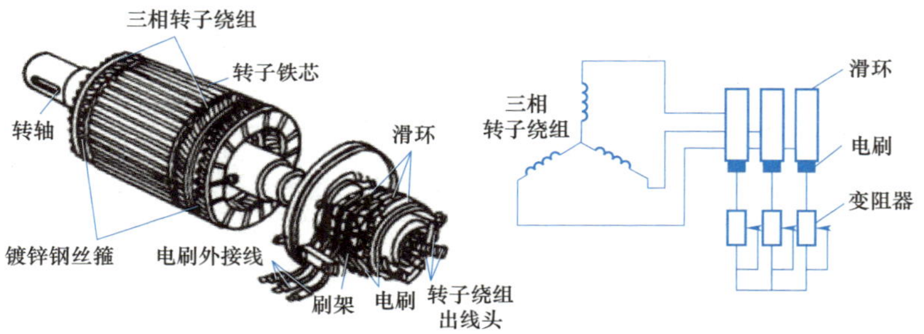

图 6.2.4　绕线型转子的结构

（3）转轴：转轴是转子的支撑部分，它使转子能够在定子内部自由旋转。转轴通常由高强度材料制成，以确保电动机的稳定运行。

2. 三相异步电动机的工作原理

1）旋转磁场的产生

现向定子三相绕组中分别通入三相交流电 i_U、i_V、i_W，如图 6.2.5 所示。各相电流将在定子绕组中分别产生相应的磁场。

（1）在 $\omega t=0$ 的瞬间 $i_U=0$，故 U_1U_2 绕组中无电流；i_V 为负，假定电流从绕组末端 V_2 流入，从首端 V_1 流出；i_W 为正，则电流从绕组首端 W_1 流入，从末端 W_2 流出。绕组中电流产生的合成磁场如图 6.2.6（a）所示。

（2）在 $\omega t=\pi/2$ 瞬间 i_U 为正，电流从首端 U_1 流入，从末端 U_2 流出；i_V 为负，电流仍从末端 V_2 流入，从首端 V_1 流出；i_W 为负，电流从末端 W_2 流入，从首端 W_1 流出。绕组中电流产生的合成磁场如图 6.2.6（b）所示，可见合成磁场顺时针转过了 90°。

（3）在 $\omega t=\pi$、π、2π 的不同瞬间，三相交流电在三相定子绕组中产生的合成磁场，可得到如图 6.2.6（c）、（d）、（e）所示的变化，观察这些图中合成磁场的分布规律可见：合成磁场的方向按顺时针方向旋转，并旋转了一周。

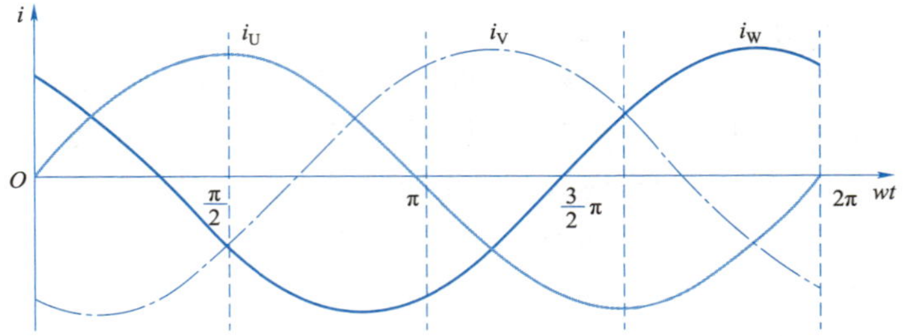

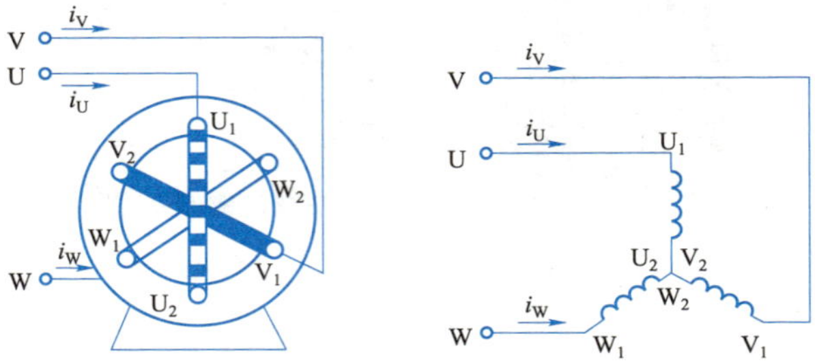

(a) 定子绕组结构示意图　　(b) 三相绕组通入三相交流电

图 6.2.5　三相异步电动机产生旋转磁场的接线图

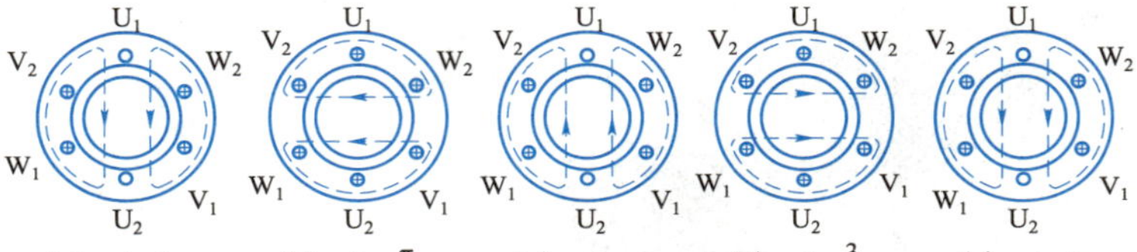

(a) $wt=0$　(b) $wt=\frac{\pi}{2}$　(c) $wt=\pi$　(d) $wt=\frac{3}{2}\pi$　(e) $wt=2\pi$

图 6.2.6　旋转磁场产生过程

由此可以得出如下结论：在三相异步电动机定子铁芯中布置结构完全相同、在空间各相间相差 120° 的三相定子绕组，分别向三相定子绕组通入三相交流电，则在定子、转子与气隙中产生一个沿定子内圆旋转的磁场，该磁场称为旋转磁场。

2）旋转磁场的转向

当通入三相绕组中电流的相序为 $i_U \to i_V \to i_W$，旋转磁场在空间是沿绕组始端 U→V→W 方向旋转的，当把通入三相绕组中的电流相序任意调换其中的两相，此时旋转磁场的转向也随即发生改变。

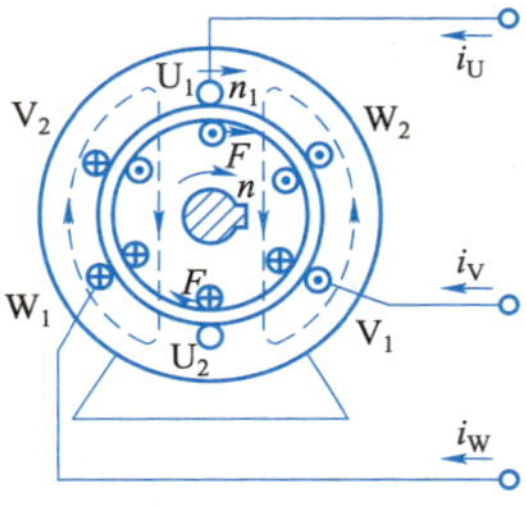

图 6.2.7　三相异步电动机转子旋转原理

3）转子的旋转

三相交流电通入定子绕组后，便形成了一个旋转磁场，旋转磁场的磁感线被转子导体切割，根据电磁感应原理，转子导体产生感应电动势。转子绕组是闭合的，则转子导体有电流流过。设旋转磁场按顺时针方向旋转，且某时刻上为北极 N、下为南极 S，如图 6.2.7 所示。根据右手定则，在上半部转子导体的电动势和电流方向由里向外，用⊙表示；在下半部则由外向里，用⊕表示。通电导体在磁场中会受电磁力 F 的作用，而使转子按顺时针方向旋转。

3. 三相异步电动机的分类

三相异步电动机的分类方式有多种，主要有按转子结构形式分类、按防护等级分类、按绝缘等级分类、按工作方式分类和按启动方式分类等，详见表 6.2.1。

表 6.2.1　三相异步电动机的分类

分类方式	种类	说　明	图　示
按转子结构形式分类	鼠笼式电动机	也称为笼型感应电动机，其转子结构简单，作业牢靠，重量轻，价格便宜，因此得到了广泛的运用。其主要缺点是调速困难	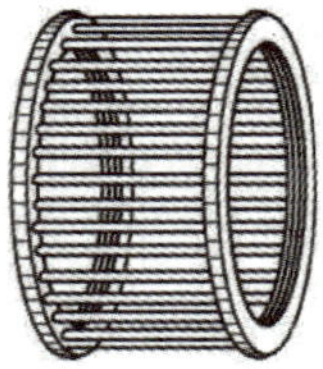
	绕线式电动机	也称为绕线型转子感应电动机，其转子和定子一样也设置了三相绕组，并通过滑环、电刷与外部变阻器连接。这种电动机可以通过调整变阻器电阻来改进启动功用和调节转速	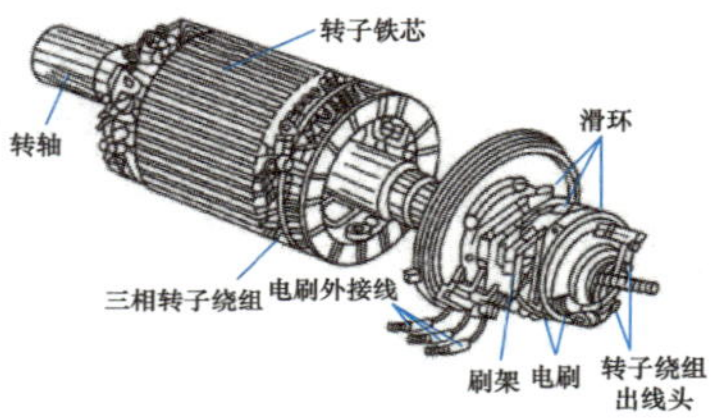
按防护等级分类	开启式（IP11）	价格便宜，散热条件最好，但由于转子和绕组暴露在空气中，只能用于干燥、灰尘很少又无腐蚀性和爆炸性气体的环境	
	防护式（IP22 及 IP23）	通风散热条件较好，可防止水滴、铁屑等外界杂物落入电动机内部，适用于较干燥且灰尘不多又无腐蚀性和爆炸性气体的环境	
	封闭式（IP44）	适用于潮湿、多尘、易受风雨侵蚀、有腐蚀性气体等较恶劣的工作环境，应用最普遍	
按绝缘等级分类	E 级、B 级、F 级、H 级等	电动机的绝缘等级通常与其所能承受的最高温度有关	
按工作方式分类	连续三相异步电动机	适用于需要长时间连续运行的场合	
	断续三相异步电动机	适用于需要间断运行的场合	
	间歇三相异步电动机	适用于需要频繁启动和停止的场合	
按启动方式分类	直接启动	在额定电压下直接启动，启动电流大，启动方式简单	
	降压启动	通过降低启动电压来减小启动电流，包括星-三角降压启动、自耦变压器降压启动、延边三角形降压启动等方式	

4. 三相异步电动机的接线方法

三相异步电动机的定子绕组是与三相交流电源对接的部件，三相定子绕组结构相互对称，每一相绕组的首尾端引出 2 根接线端子，分别为 U_1、U_2、V_1、V_2、W_1、W_2，置于机座外部的接线盒内。三相异步电动机要正常工作，需要接成三角形（△）或星形（Y），具体接线方法如图 6.2.8 所示。

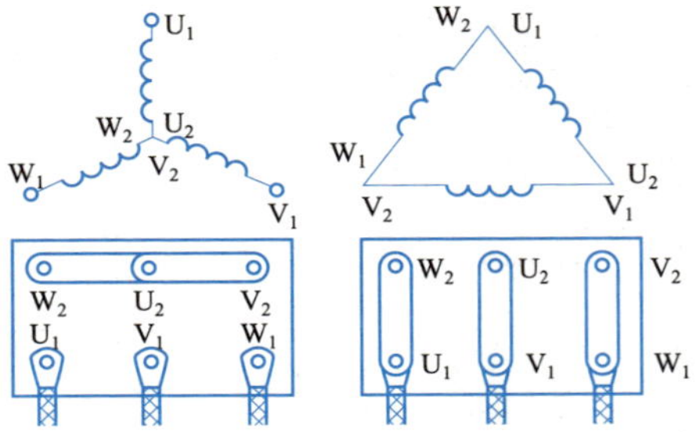

图 6.2.8　三相异步电动机的接线方法

5. 三相异步电动机定子绕组首尾端的判断

在进行三相异步电动机定子绕组的 Y 形或△形连接时，前提要分清三相绕组的首尾端，不然很容易接错，导致严重后果。下面介绍一种常用的定子绕组首尾端判断方法——万用表测量法。

（1）用万用表的欧姆挡找出三相绕组的两个引出线头。方法：首先假定任意一端为 U 相的首端，然后将万用表的红表笔与之连接，最后再用黑表笔分别去接触剩余的 5 个接线端子，如果测量到某一组电阻趋近于 0，说明此刻红黑表笔所接触的端子为 U 相，以此类推，找到剩下的 V 相和 W 相，方法如图 6.2.9 所示。

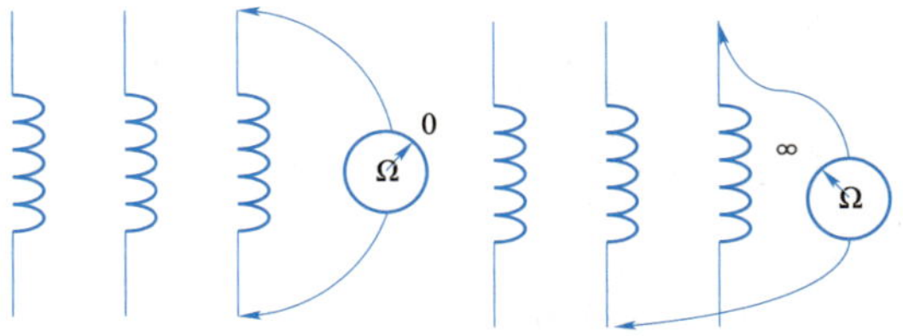

(a) 同相首尾端的阻值　　(b) 不同相首端子之间的阻值

图 6.2.9　三相定子绕组的判断方法

（2）做三相绕组的假设编号 U_1、U_2、V_1、V_2、W_1、W_2。再将三相绕组假设的三首三尾分别连接在一起，用万用表毫安挡或微安挡测量，如图 6.2.10（a）所示。用手转动电动机转子，若万用表指针不动，则假设的首尾端均正确。若万用表指针摆动，如图 6.2.10（b）所示，说明假设编号的首尾端有误，应逐相对调重调，直到万用表指针不动为止，此时连接在一起的三首三尾正确。

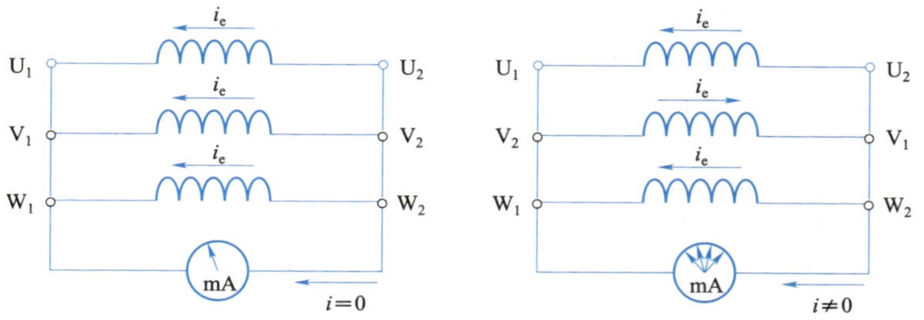

(a) 指针不动　　(b) 指针摆动

图 6.2.10　用万用表电流挡测量定子首尾端的方法一

（3）另一种方法：做好假设编号后，将任意一相绕组接万用表毫安（或微安）挡，另选一相绕组，用该相绕组的两个引出线头分别碰触干电池的正极、负极，若万用表指针正偏转，则接干电池的负极引出线头与万用表的红表笔为首（或尾）端，如图 6.2.11 所示。照此方法找出第三相绕组的首（或尾）端。

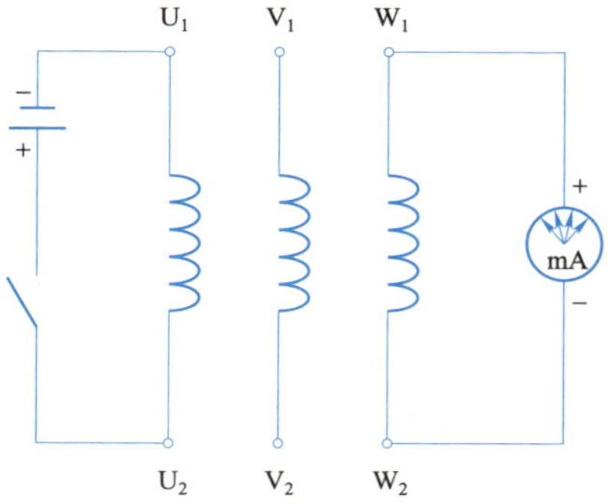

图 6.2.11　用万用表电流挡测量定子首尾端的方法二

任务实施

请根据任务单要求完成实训操作。

任务名称	三相异步电动机的认识		
学生姓名		学号	
1. 任务内容 1）实训设备与工具 三相异步电动机 1 台（无绕组标识）、1.5 V 干电池 1 块、指针式万用表 1 台、端头线 6 根。 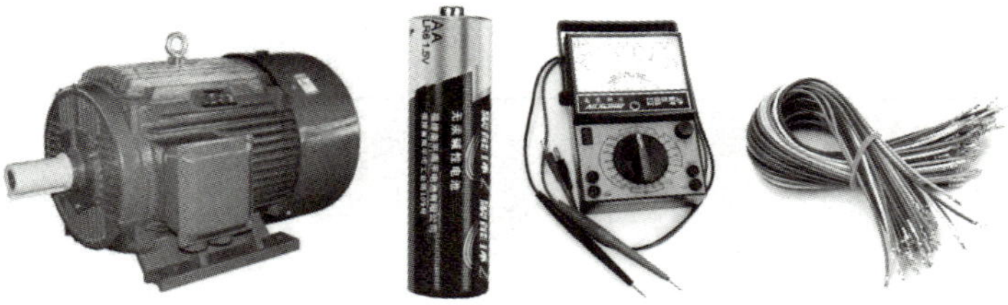			

续表

2）实训项目

（1）将三相异步电动机的 Y、△两种接线原理图画在虚线框内。

（2）按照任务准备中三相异步电动机定子绕组的判断方法，正确找出三相异步电动机的 U、V、W 三相的首尾端。

（3）正确接出 Y、△的连接方式。

2. 实训操作

（1）操作前对工具设备进行检查，包含好坏、数量等。

（2）画出 Y、△的接线原理图。

（3）正确判断出定子绕组的首尾端。

（4）正确接出 Y、△的连接方式。

（5）整理实训工位，清点和检查工具、设备。

（6）小组验收和评价，小组长由老师监督实操过程，小组成员由小组长负责监督实操过程。

任务评价

本人、组长、老师分别根据任务完成情况在表 6.2.2 中进行任务评价。

表 6.2.2　任务评价表

序号	操作项目	自评	组评	师评	总评	备注
1	Y、△原理图的绘制情况					
2	定子绕组首尾端的判断情况					
3	Y、△的连接情况					
4	工位整理					
得分						

任务总结

将本任务实施过程中的收获与问题总结填写在表 6.2.3 中。

表 6.2.3　收获与问题总结表

序号	我学会的	我的疑问	解决办法
1			
2			
3			
4			
5			

存在的问题：

____

____

____

项目 7　常用电子元件及测量

任务 7.1　电阻器的认识与测量

任务导入

电阻器广泛应用于各种电子电路中，包括电子产品（如电视机、手机、电脑等）、照明设备（如灯泡、LED 灯等）、电动工具、汽车电路以及家用电器（如电饭煲、电热水壶等）电路等。在这些应用中，电阻器主要用于限制电流、分压电压、调节电路性能、保护电子元件等。

任务目标

1. 认识常见的电阻器。
2. 了解电阻器的常见分类。
3. 熟悉电阻器的型号命名方法及符号表示。
4. 掌握电阻器的色环识读方法。

任务准备

电阻器日常简称为电阻，它是电子电路中最常用的电子元件之一，在电路中能起到阻碍电流的作用，因此而得名为电阻器。它在电路中通过控制电压和电流来实现降压、分压、限流和分流等作用，图 7.1.1 为常见的电阻器。

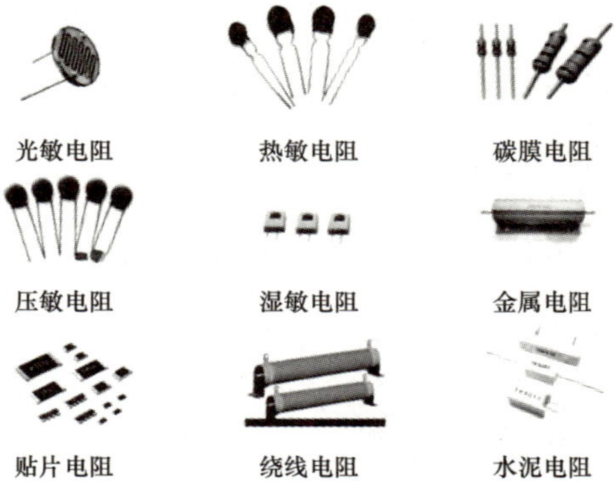

图 7.1.1　常见的电阻器

1. 电阻器的分类

电阻的类型多种多样，各自具有不同的功能和特点，表 7.1.1 是从不同角度对电阻器进行的分类介绍。

表 7.1.1　电阻器的分类

分类方式	类型	说　明	图　示
按材料分类	线绕电阻器	主要包括通用线绕电阻器、精密线绕电阻器、大功率线绕电阻器和高频线绕电阻器等。这种电阻器通常由电阻丝绕制在绝缘骨架上制成，具有精度高、稳定性好和具有良好的温度系数等特点	
	薄膜电阻器	主要包括碳膜电阻器、合成碳膜电阻器、金属膜电阻器、金属氧化膜电阻器、化学沉积膜电阻器、玻璃釉膜电阻器和金属氮化膜电阻器等。这些电阻器通过在绝缘基片上形成一层电阻膜来工作，具有阻值稳定和噪声低等特点	
	实心电阻器	主要包括无机合成实心碳质电阻器、有机合成实心碳质电阻器等。这种电阻器是将电阻材料制成实心体，具有结构简单、耐高温等特点	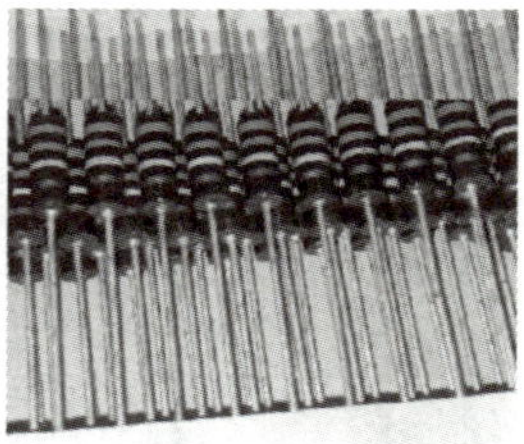
	敏感电阻器	主要包括压敏电阻器、热敏电阻器、光敏电阻器、力敏电阻器、气敏电阻器和湿敏电阻器等。这些电阻器对温度、电压、湿度、光照等作用敏感，可用于检测和控制各种物理量	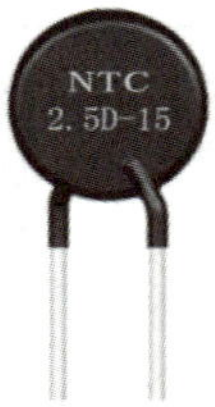
按阻值是否可调分类	定值电阻器	阻值固定不变的电阻器	
	电位器	阻值可调的电阻器	
按功率分类	1/16 W、1/8 W、1/4 W、1/2 W、1 W、2 W 等	不同功率的电阻器适用于不同的电路要求	

续表

分类方式	类型	说明	图示
按阻值的精度分类	0.1%、0.2%、0.5%、1%、2%、5%、10%、20%等	高精度电阻器通常用于需要精确控制阻值的电路中	
按用途分类	限流电阻、降压电阻、分压电阻、保护电阻、启动电阻、取样电阻、去耦电阻、信号衰减电阻等	不同用途的电阻器在电路中发挥着不同的作用	

2. 电阻器的型号命名方法及符号表示

（1）电阻器的型号命名方法是根据国家标准的规定将其分为四部分，各部分含义见表 7.1.2。

表 7.1.2　电阻器的型号命名方法

第一部分		第二部分		第三部分		第四部分
用字母表示主称		用字母表示材料		用数字或字母表示分类		用数字表示序号
符号	意义	符号	意义	符号	意义	
R	电阻器	T	碳膜	1	普通	主称、材料相同，仅性能指标、尺寸大小有差别，但基本不影响互换使用的元件，给予同一序号；若性能指标、尺寸大小明显影响互换使用时，则在序号后面用大写字母作为区别代号
		P	硼碳膜	2	普通	
		U	硅碳膜	3	超高频	
		H	合成碳膜	4	高阻	
		1	玻璃釉膜	5	高温	
		J	金属膜（箔）	6	精密	
				7	精密	
		Y	氧化膜	8	电阻：高压 电位器：特殊	
W	电位器	S	有机实芯	9	特殊	
		N	无机实芯	G	高功率	
		X	线 绕	T	可调	
		C	沉积膜	X	电阻：小型	
		G	光 敏	L	电阻：测量用	
				W	电位器：微调	
				D	电位器：多圈	

（2）常见电阻器的符号如图 7.1.2 所示。

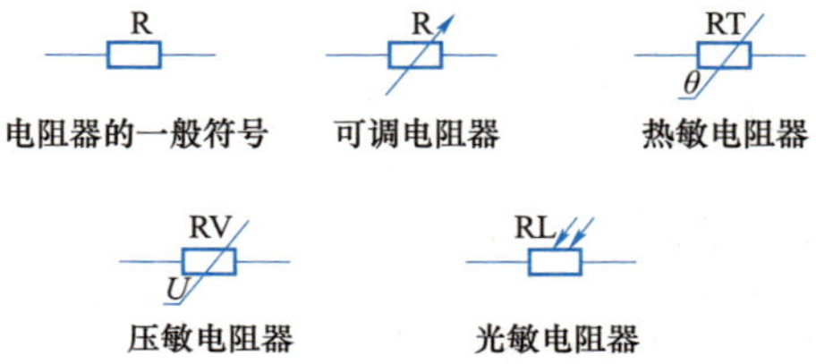

图 7.1.2　常见电阻器的符号

3. 电阻器参数的表示方法

（1）直标法：直标法是将电阻器的类别、标称阻值、允许误差及额定功率等主要参数直接标在电阻器表面上的表示方法，如图 7.1.3 所示。这种表示方法常用在体积比较大的电阻器上。

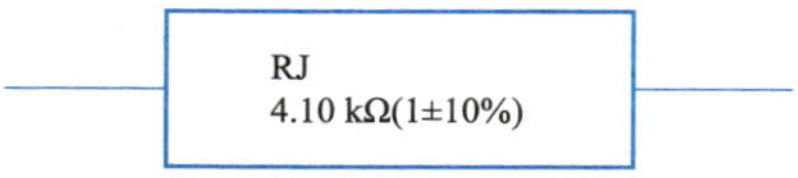

图 7.1.3　直标法

（2）文字符号法：这种方法是在单位符号前面标出电阻器阻值的整数值，后面标出电阻器阻值的第一位小数值，如图 7.1.4 所示。例如：5 k1 表示 5.1 kΩ，4R6 表示 4.6 Ω，R35 表示 0.35 Ω。

图 7.1.4　文字符号法

（3）数码法：数码法是用三位数字表示电阻器阻值，前两位数字表示电阻器阻值的有效数字，第三位数字表示有效数字后面零的个数，单位用Ω表示，如图 7.1.5 所示。例如：103 表示电阻器阻值为 10 000 Ω。

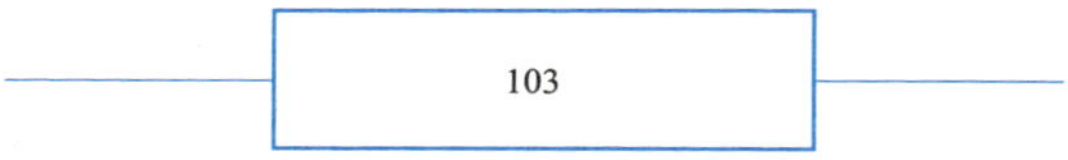

图 7.1.5　数码法

（4）色标法：色标法是国际上常用的阻值表示法，大多数采用四色环和五色环表示电阻器的阻值和偏差。不同颜色的色环印在电阻器的表面上。对于四色环电阻器，从左至右，前两环表示电阻器阻值的有效数字，第三环表示有效数字后面零的个数，即倍率，第四环表示允许误差。若为五色环电阻器，前三环表示阻值的有效数字，第四环表示倍率，第五环表示允许误差。色标法中不同颜色色环的含义如图 7.1.6 所示。

数值的读取方法

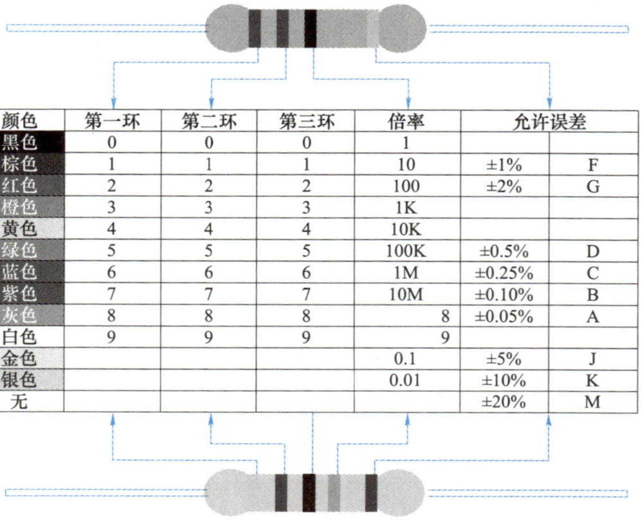

颜色	第一环	第二环	第三环	倍率	允许误差	
黑色	0	0	0	1		
棕色	1	1	1	10	±1%	F
红色	2	2	2	100	±2%	G
橙色	3	3	3	1K		
黄色	4	4	4	10K		
绿色	5	5	5	100K	±0.5%	D
蓝色	6	6	6	1M	±0.25%	C
紫色	7	7	7	10M	±0.10%	B
灰色	8	8	8	8	±0.05%	A
白色	9	9	9	9		
金色				0.1	±5%	J
银色				0.01	±10%	K
无					±20%	M

图 7.1.6　色标法

任务实施

请根据任务单要求完成实训操作。

任务名称	电阻器的认识与测量		
学生姓名		学号	

1. 任务内容

1）实训设备与工具

随机色环电阻器 5 只、指针式万用表 1 台。

2）实训项目

（1）将常用电阻器的符号画在表中。

（2）按照任务准备中色标法的读取方法读出实训台上的色环电阻器的阻值，将各参数填入表中。

（3）用万用表的欧姆挡进行验证，判断识读是否正确。

<table>
<tr><td rowspan="2">符号</td><td>定值电阻</td><td>电位器</td><td>热敏电阻器</td><td>光敏电阻</td><td>压敏电阻</td></tr>
<tr><td></td><td></td><td></td><td></td><td></td></tr>
<tr><td rowspan="4">四色环</td><td colspan="2">有效数字</td><td>倍率</td><td colspan="2">允许误差</td></tr>
<tr><td></td><td></td><td></td><td colspan="2"></td></tr>
<tr><td></td><td></td><td></td><td colspan="2"></td></tr>
<tr><td></td><td></td><td></td><td colspan="2"></td></tr>
<tr><td rowspan="4">五色环</td><td colspan="3">有效数字</td><td>倍率</td><td>允许误差</td></tr>
<tr><td></td><td></td><td></td><td></td><td></td></tr>
<tr><td></td><td></td><td></td><td></td><td></td></tr>
<tr><td></td><td></td><td></td><td></td><td></td></tr>
</table>

2. 实训操作

（1）操作前对工具设备进行检查，包含好坏、数量等。

（2）画出常用电阻器的符号。

（3）识读色环电阻器的各参数。

（4）用万用表的欧姆挡进行验证，判断识读是否正确。

（5）整理实训工位，清点和检查工具、设备。

（6）小组验收和评价，小组长由老师监督实操过程，小组成员由小组长负责监督实操过程。

任务评价

本人、组长、老师分别根据任务完成情况在表 7.1.3 中进行任务评价。

表 7.1.3　任务评价表

序号	操作项目	自评	组评	师评	总评	备注
1	电阻器原理图符号的绘制情况					
2	色环电阻的识读情况					
3	万用表测量电阻值的方法是否正确					
4	工位整理					
得分						

任务总结

将本任务实施过程中的收获与问题总结填写在表 7.1.4 中。

表 7.1.4　收获与问题总结表

序号	我学会的	我的疑问	解决办法
1			
2			
3			
4			
5			

存在的问题：

____

____

____

任务 7.2　电容器与电感器的认识

任务导入

电容器与电感器也是电子电路中常用的电子元件，它们和电阻器有很大区别，电阻器是典型的耗能元件，而电容器与电感器却是典型的储能元件。

任务目标

1. 了解电容器与电感器的作用。
2. 了解电容器的分类。
3. 熟悉电容器与电感器的电路符号。
4. 掌握电容器与电感器的参数标注方法。

任务准备

7.2.1　电容器

电容器，简称电容，是一种能够储存电荷的器件，通常被称为“装电的容器”。它由两个彼此绝缘且相隔很近的导体极板（如金属板）构成，中间填充有电介质（如空气、陶瓷、塑料薄膜等），结构如图 7.2.1 所示。

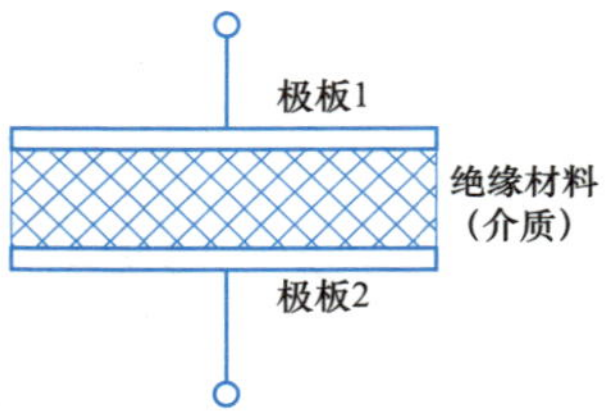

图 7.2.1　电容器的结构

电容器通过在电极上储存电荷来储存电能。当在电容器两极之间施加电压时，与正极相连的金属板会吸收电子而带负电，与负极相连的金属板会释放电子而带正电，从而在两极之间形成电场。这个电场就是电容器储存电能的形式，如图 7.2.2 所示。

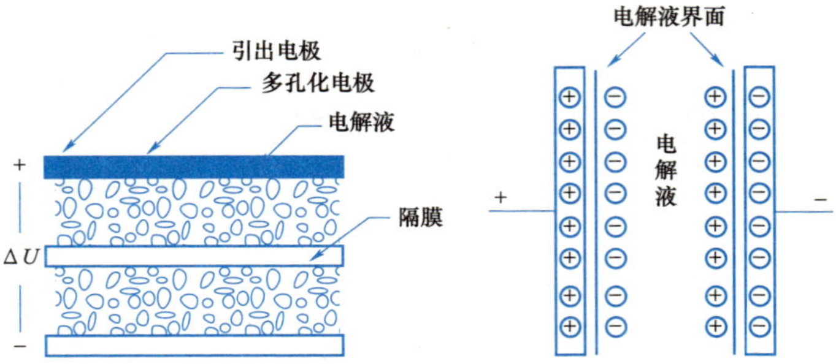

图 7.2.2　电容器的工作原理

1. 电容器的分类

电容器可以按结构、电解质、用途等多种方式进行分类，详见表 7.2.1。

表 7.2.1　电容器的分类

分类方式	类型	说　明	图　示
按结构分类	定值电容器	电容器的容量在正常情况下是固定不变的	
	可变电容器	通常具有较大的电容值调节范围，可以达到数百皮法甚至更大，适用于需要大范围调节电容值的场景	
	微调电容器	实现的是较小的电容值微调范围，通常在几皮法乃至几十皮法之间。由于其设计和制造工艺更为复杂，微调电容器通常具有更高的精度和稳定性，能够提供更准确和可靠的电容值调整。	
按电解质分类	有机介质电容器	包括传统的纸介电容器和金属化纸介电容器，以及涤纶、聚苯乙烯、聚丙烯等有机薄膜类电容器	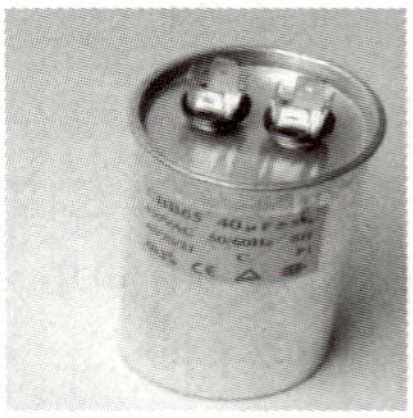

续表

分类方式	类型	说　明	图　示
按电解质分类	无机介质电容器	包括瓷介电容器、云母电容器和玻璃电容器等	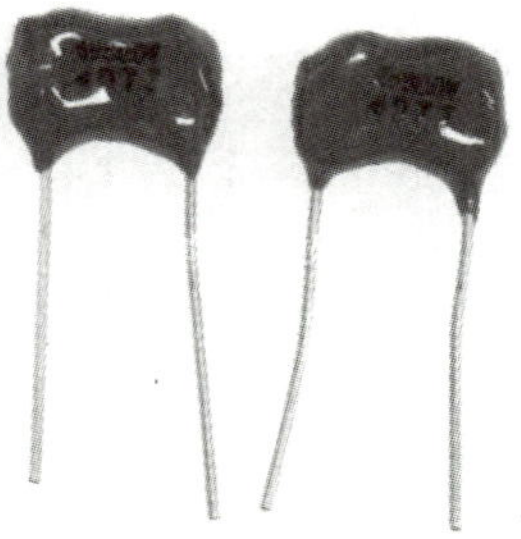
	电解电容器	电解电容器是一种区分正负极性的电容器	
按用途分类	高频旁路、低频旁路、滤波、调谐、高频耦合、低频耦合等		

2. 电容器的型号及符号

（1）电容器的型号根据国家标准规定分为三部分，命名方法见表 7.2.2。

表 7.2.2　电容器的型号命名方法

第一部分：主称		第二部分：材料		第三部分：分类				
符号	意义	符号	意义	符号	意义			
					瓷介电容器	云母电容器	电解电容器	有机介质电容器
C	电容器	C	高频瓷介	1	圆片	非密封	箔式	非密封
		Y	云母	2	管形	非密封	箔式	非密封
		Z	纸介	3	叠片	密封	烧结粉固体	密封
		J	金属化纸介	4	独石	密封	烧结粉固体	密封
		B	聚苯乙烯有机薄膜	5	穿心			穿心
		L	聚酯涤纶有机薄膜	6	支柱			
		D	铝电解质	7			无极性	
		A	钽电解质	8	高压	高压		高压
		N	铌电解质	9			特殊	特殊
				G	高功率			
				W	微调			

（2）电容器的电路符号。

电容器的文字符号用 C 表示，图形符号如图 7.2.3 所示。

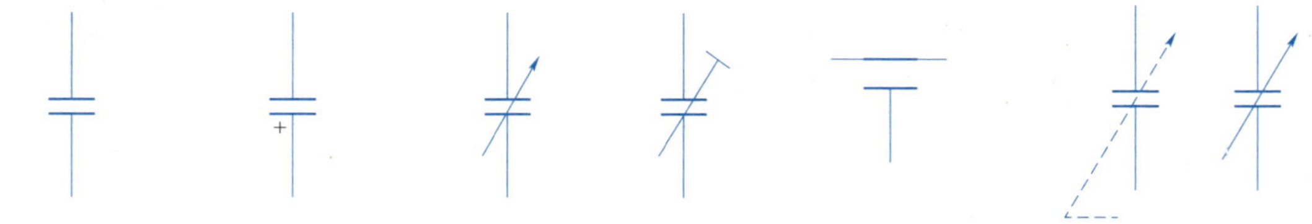

(a) 一般电容器　(b) 极性电容器　(c) 可变电容器　(d) 微调电容器　(e) 穿心电容器　(f) 双联同轴可变电容器

图 7.2.3　电容器的图形符号

3. 电容器参数的标注方法

（1）直标法：直标法是指在电容器表面直接标出其主要参数的标注方法。电容器的单位有微法（μF）和皮法（pF）。例如：电容器 CB41 250 V 2 000 pF±5%，表示 CB41 型精密聚苯乙烯薄膜电容器，工作电压为 250 V，容量为 2 000 pF，允许误差为±5%。

（2）文字符号法：文字符号法是指将文字和数字符号有规律地组合起来，在电容器表面上标注出电容器的主要特性参数的方法。通常将容量整数部分标注在容量单位标志符号前面，容量小数部分标注在容量单位标志符号后面，其实容量单位符号所占部分就是电容器容量的小数部分的位置。例如：4p5 表示容量为 4.5 pF 的电容器。还有一种表示是在数字前标注有 R 字样，则容量为零点几微法。例如：R37 表示容量为 0.37 μF。

（3）数字表示法：数字表示法是指用三位数字表示电容器的容量大小。其中前两位表示电容器容量的有效数字，第三位表示有效数字后零的个数，单位是 pF。例如：103 表示容量为 10 000 pF 的电容器。若数字表示法中三位数字的第三位为 9，则表示 10^{-1}。例如：359 表示 35×10^{-1} pF=3.5 pF 的电容器。

（4）色标法：色标法是指用不同色环按照规定的方法在电容器上标出电容器主要参数的方法。色环从上端向电容器引线排列，前两环为电容器容量的有效数字，第三环表示乘数即零的个数，第四环表示允许误差，第五环表示额定工作电压，单位是 pf。色环的不同颜色表示的含义见表 7.2.3 色标对照表。

表 7.2.3　色标对照表

颜色	棕	红	橙	黄	绿	蓝	紫	灰	白	黑	金	银	无色
有效数字	1	2	3	4	5	6	7	8	9	0			
乘数	10^1	10^2	10^3	10^4	10^5	10^6	10^7	10^8	10^9	10^0	10^{-1}	10^{-2}	
允许误差（%）	±1				±0.5	±0.25	±0.1		±（20～50）		±5	±10	±20
工作电压/V			4	6.3	10	16	25	32	40	50	63		

图 7.2.4 所示为一四色环电容器，通过查表可知这个电容器的容量为 0.36 μF，允许误差为±5%。

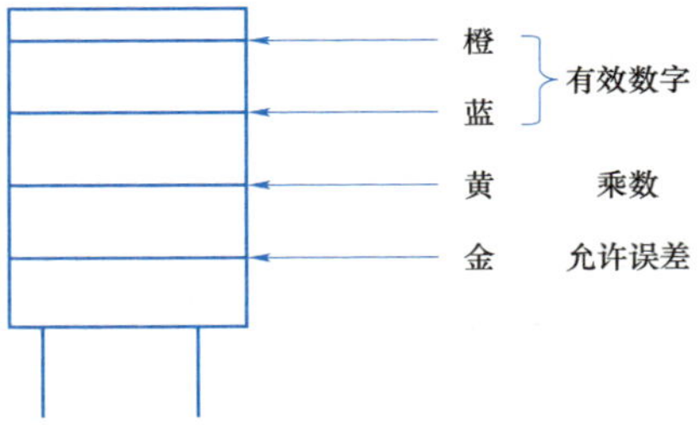

图 7.2.4　电容器的色标表示方法示例

4. 电容器的检测

电容器的常见故障有断路、短路、漏电、介质损耗增大或容量减小等。

（1）用万用表检查电解电容器的容量和漏电电阻。首先根据电容器容量的大小，将万用表转到适当的“Ω”量程。各量程测量容量的范围如图 7.2.5（a）所示。选择相应量程后，将黑表笔接电解电容器的正极，红表笔接负极，即可检查其容量的大小和漏电程度，如图 7.2.5 所示。

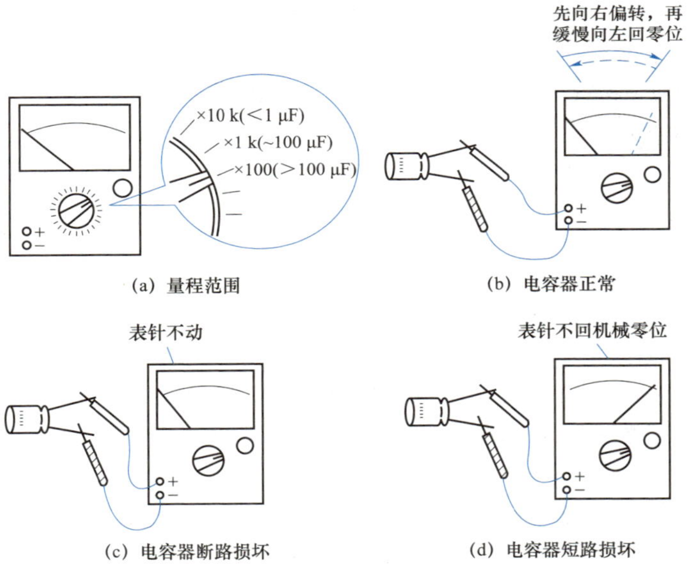

图 7.2.5　电容器的测量

（2）检查容量的大小。测量前把被测电解电容器短路一下。接上万用表的一瞬间，表内电池通过 R×1 k 挡的内阻向电容器充电。由于电容器两端的电压不能突变，刚接通电路时，电容器上的电压仍等于零，所以充电电流为最大值，如图 7.2.5（b）所示。只要容量足够大，表针就能向右摆过一个明显的角度。随着电压的升高，充电电流逐渐减小，表针又向左摆回零位。当 C 取值较小时（如 1 μF），充电时间很短，只能看到表针有轻微摆动。当 C 取值较大时，表针摆动幅度很大，甚至能冲过欧姆零点。测量时，若万用表表针静止不动，如图 7.2.5（c）所示，则说明电容器内部已断路损坏；若万用表表针向右偏转到 0 处后，不能返回机械零位，如图 7.2.5（d）所示，则说明电容器内部已短路损坏。

（3）检查漏电电阻。电容器充好电时，电容器端电压等于电源电动势，充电电流 I=0，此时 R×1 k 挡的读数即代表电容器的漏电电阻，一般应大于几百欧至几千欧。

7.2.2 电感器

电感器通常也称为电感线圈，是一种储能元器件。电感器在电路中有通直阻交的作用，并且它在谐振、耦合、滤波等电路中的应用也十分普遍。与电阻器和电容器不同的是电感器没有品种齐全的标准产品，特别是一些高频小电感器，通常需要根据电路要求自行设计制作。一般用漆包线、纱包线或镀银线、铜线等绕制而成，常见的电感器如图 7.2.6 所示。

图 7.2.6　常见的电感器

1. 电感器的型号与符号

（1）电感器的型号由以下四部分组成。

主称：用字母表示，如“L”表示电感线圈，“ZL”表示阻流圈。

特征：用字母表示，如“G”表示高频，低频一般不标。

型号：用字母或数字表示，如“X”表示小型，数字“1”“2”等可能表示不同的引线方式或结构形式。

区别代号：用字母或数字表示，用于区分同一系列中不同规格或性能的电感器，但这一部分有时不标。

（2）电感器的符号如图 7.2.7 所示。

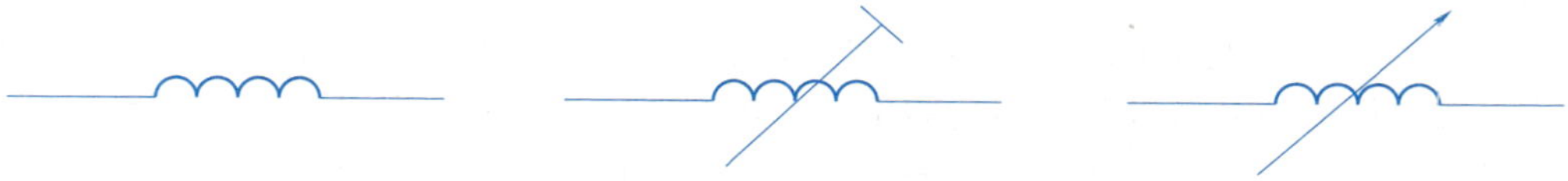

(a) 普通电感器　　(b) 微调电感器　　(c) 可调电感器

图 7.2.7　电感器的符号

2. 电感器的色标表示方法

电感器的色标表示方法与电阻器的表示方法相同，此时的单位为μH。电感器色标含义见表 7.2.4。

表 7.2.4　电感器色标含义

色　环	有效数字	乘　数	允许误差
黑	0	1	
棕	1	10	
红	2	10^2	
橙	3	10^3	
黄	4	10^4	
绿	5		
蓝	6		
紫	7		
灰	8	10^{-2}	
白	9	10^{-1}	±5%
金		10^{-1}	±10%
银		10^{-2}	±20%
无色			

图 7.2.8 所示为 220 μH 允许误差为±5%的电感器的色标表示方法。

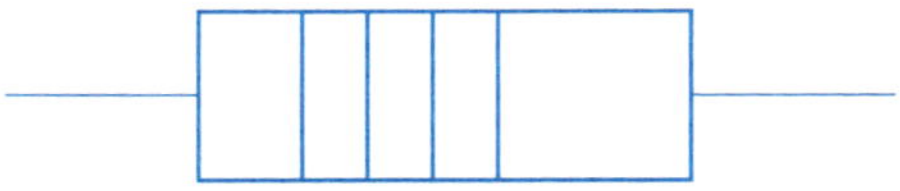

图 7.2.8　电感器的色标表示方法示例

3. 电感器的检测

电感器可以视为一个线圈，可以通过测量电感器的通断来判断它的好坏，具体操作如下。

（1）将数字式万用表的挡位开关打到蜂鸣挡。

（2）将万用表的红、黑表笔与电感器的两引脚相接触，如果蜂鸣器发出声音并且显示屏显示一定的阻值就说明电感器是好的。

任务实施

请根据任务单要求完成实训操作。

<table>
<tr><td>任务名称</td><td colspan="3">电感器与电容器的认识</td></tr>
<tr><td>学生姓名</td><td></td><td>学号</td><td></td></tr>
<tr><td colspan="4">
1. 任务内容
1）实训设备与工具
各类电容器各 1 只、电感器 1 只、指针式万用表 1 台、数字式万用表 1 台。
2）实训项目
（1）将常用电容器和电感器的符号画在表中。
（2）按照任务准备中电容器容量和电感器电感量的识读方法，将电容器的容量、电感器的电感量填入表中。
（3）用指针式万用表判断电容器的状态，将测量结果填入表中。
（4）用数字式万用表判断电感器的状态，将测量结果填入表中。
</td></tr>
</table>

<table>
<tr><td rowspan="2">电容器电路符号</td><td>一般电容器</td><td>极性电容器</td><td>可变电容器</td><td></td><td></td></tr>
<tr><td></td><td></td><td></td><td></td><td></td></tr>
<tr><td rowspan="2">电感器电路符号</td><td>普通电感器</td><td>微调电感器</td><td>可调电感器</td><td></td><td></td></tr>
<tr><td></td><td></td><td></td><td></td><td></td></tr>
<tr><td rowspan="4">电容器的容量识读</td><td colspan="2">容量</td><td>电容器的好坏检测</td><td colspan="2">状态（正常、断路、短路）</td></tr>
<tr><td colspan="2"></td><td>C1</td><td colspan="2"></td></tr>
<tr><td colspan="2"></td><td>C2</td><td colspan="2"></td></tr>
<tr><td colspan="2"></td><td>C3</td><td colspan="2"></td></tr>
<tr><td rowspan="2">电感器的电感量识读</td><td colspan="2">电感量</td><td>电感器的好坏判断</td><td colspan="2">状态</td></tr>
<tr><td colspan="2"></td><td>L1</td><td colspan="2"></td></tr>
</table>

2. 实训操作
（1）操作前对工具设备进行检查，包含好坏、数量等。
（2）画出常用电容器与电感器的符号。
（3）正确识读电感器与电容器的容量和电感量。
（4）利用指针式万用表判断电容器的好坏。
（5）利用数字式万用表判断电感器的好坏。
（6）小组验收和评价，小组长由老师监督实操过程，小组成员由小组长负责监督实操过程。

任务评价

本人、组长、老师分别根据任务完成情况在表 7.2.5 中进行任务评价。

表 7.2.5　任务评价表

序号	操作项目	自评	组评	师评	总评	备注
1	电容器、电感器符号的绘制情况					
2	电容器、电感器的识读情况					
3	电容器、电感器的好坏判断情况					
4	工位整理					
得分						

任务总结

将本任务实施过程中的收获与问题总结填写在表 7.2.6 中。

表 7.2.6　收获与问题总结表

序号	我学会的	我的疑问	解决办法
1			
2			
3			
4			
5			

存在的问题：

____

____

____

任务 7.3　半导体元件的认识

任务导入

通过初中物理我们可以知道根据物质的导电能力可以把物质分为导体和绝缘体，其实在自然界中除导体和绝缘体以外还有导电性能介于导体和绝缘体之间的物质，称为半导体，利用半导体制作的电子元件称为半导体元件。

任务目标

1. 了解常见半导体元件的分类。
2. 了解常见半导体元件的结构。
3. 熟知常见半导体元件的特性。
4. 掌握常见半导体元件的测量方法。

任务准备

半导体的导电能力介于导体与绝缘体之间，用于制作半导体元件的材料主要有硅（Si）和锗（Ge）元素。如果将硅（Si）和锗（Ge）元素中掺入三价元素，那么在形成共价键的过程中就会多出电子位变成空穴，这种情况称为少子，形成的半导体材料称为 P 型半导体；如果将硅（Si）和锗（Ge）元素中掺入五价元素，那么在形成共价键以后，就会多出电子变成自由电子，这种情况称为多子，形成的半导体材料称为 N 型半导体。具体掺杂情况如图 7.3.1 所示。

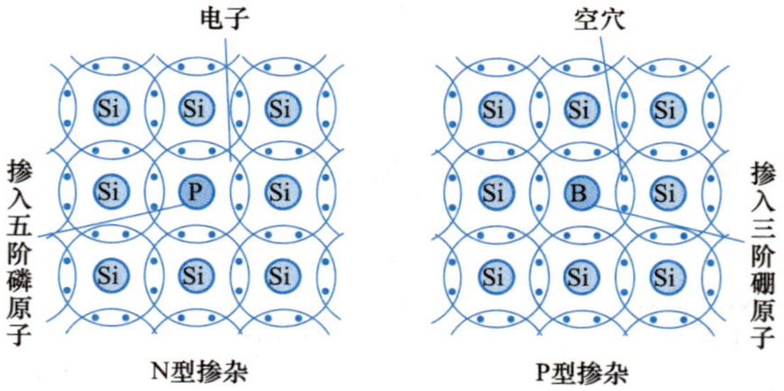

图 7.3.1　N 型半导体与 P 型半导体原子结构

7.3.1　半导体二极管

如果利用特殊制造工艺，将一块半导体基片分成两部分，一半为 N 型一半为 P 型。由于两种半导体界面两侧载流子浓度不同，载流子从高浓度区向低浓度区做扩散运动，这种运动建立了方向由 N 区指向 P 区的电场（简称内电场），在内电场的作用下，多子的扩散运动得到抑制并产生少子的漂移运动。当外部条件一定时，扩散运动和漂移运动达到动态平衡，扩散电流与漂移电流相等，通过 PN 结的总电流为零，内电场为定值，这时就形成了所谓的 PN 结，如图 7.3.2 所示。

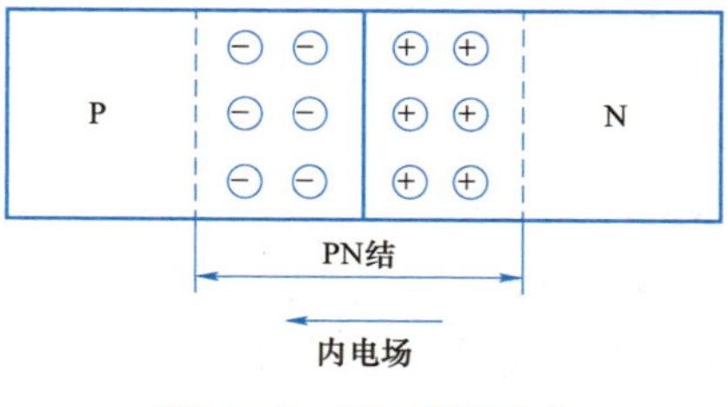

图 7.3.2　PN 结的形成

加在 PN 结上的电压称为偏置电压。当 P 区接电源正极、N 区接电源负极时，PN 结正向偏置（简称正偏），此时在电场作用下，PN 结变窄，当正偏电压增加到一定值后，PN 结呈现很小的电阻，多子的扩散运动形成较大的正向电流，称为 PN 结导通，如图 7.3.3（a）所示。当 N 区接电源正极、P 区接电源负极时，PN 结反向偏置（简称反偏），此时在电场作用下，PN 结变宽，当反偏电压增加到一定值后，PN 结呈现很大的电阻，少子的漂移运动形成的反向电流近似为零，称为 PN 结截止，如图 7.3.3（b）所示。PN 结正偏导通、反偏截止的现象称为 PN 结的单向导电性。

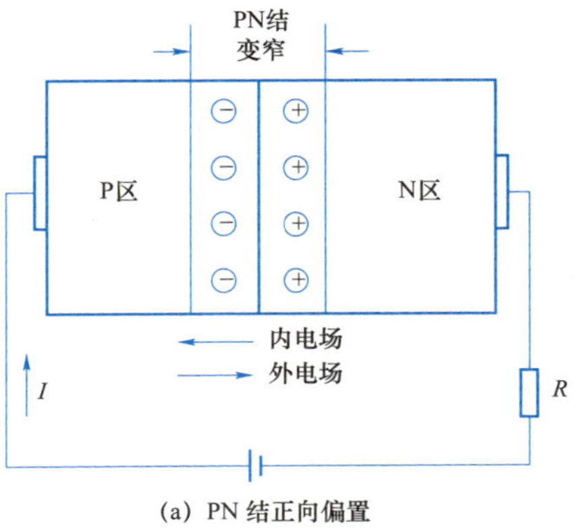

图 7.3.3　PN 结的单向导电性

如果将 PN 结加上外壳封装，引出两根引线便构成了半导体二极管，简称二极管。二极管的结构与符号如图 7.3.4 所示。由于二极管核心是 PN 结，因此二极管也具有单向导电性。

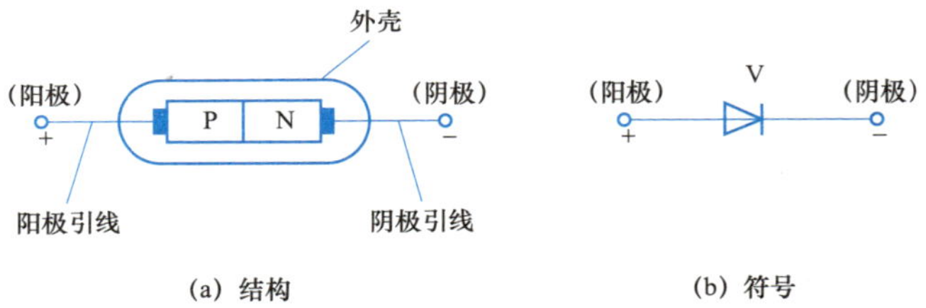

图 7.3.4　二极管的结构与符号

1. 二极管的伏安特性

因二极管两端的外加电压大小不同，产生的电流大小也不同，外加电压 U 和产生的电流 I 的关系称为二极管的伏安特性曲线，如图 7.3.5 所示。

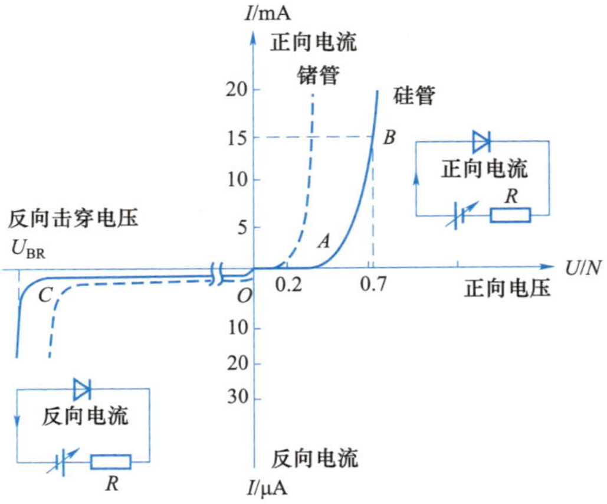

图 7.3.5　二极管的伏安特性曲线

通过伏安特性曲线可以得到二极管具有以下特点。

（1）正向特性：当外加电压较小时，外电场不足以克服 PN 结内电场对多数载流子的阻力，这一范围称为死区，相应的电压称为死区电压（图 7.3.5 中 *OA* 段），室温下硅管的死区电压为 0.5 V，锗管的死区电压为 0.2 V。

当正向电压大于死区电压时，二极管的电流随外加电压增加而显著增大（图 7.3.5 中 *AB* 段），此时二极管正向导通。导通后二极管的正向电压称为正向压降（或管压降），一般正常工作时，硅管的正向压降约为 0.7 V，锗管的正向压降约为 0.3 V。

（2）反向特性：二极管反向偏置时，表面漏电流的存在使反向电流增大，且随反向电压的增高（图 7.3.5 中 *OC* 段）而增加。小功率硅管的反向电流一般小于 0.1 μA，而锗管通常为几十微安。

（3）击穿特性：当外加反向电压超过某一定值时，反向电流随反向电压的增加而急剧增大，二极管的单向导电性被破坏，这种现象称为反向击穿，对应的反向电压值 U_{BR} 称为二极管的反向击穿电压。若反向击穿电压下降到击穿电压以下，二极管可恢复到原有情况，则称为电击穿；若反向击穿电流过高，导致 PN 结烧坏，二极管不可恢复到原有情况，则称为热击穿。

2. 二极管的主要参数

（1）最大整流电流 I_F：指二极管长期运行允许通过的最大正向平均电流。使用时如超过此值，可能烧坏二极管。

（2）最高反向工作电压 U_{RM}：指允许施加在二极管两端的最大反向电压，通常规定为击穿电压的 1/2。

（3）最大反向电流 I_R：指二极管在一定的环境温度下，加最高反向工作电压 U_{RM} 时所测得的反向电流值（又称为反向饱和电流）。I_R 越小，说明二极管的单向导电性能越好。

（4）最高工作频率 f_M：指保证二极管单向导电作用的最高工作频率。

3. 二极管的分类

二极管的种类有很多，主要是按照其功能分类，具体见表 7.3.1。

表 7.3.1　常见的二极管种类

种类	说明	电路符号	图示
普通二极管	普通二极管主要用在整流电路中，起到整流作用，因此也叫作整流二极管，主要体现二极管的单相导电性		
稳压二极管	稳压二极管是一种特殊的硅二极管。正常情况下稳压二极管工作在反向击穿区，反向电流在很大范围内变化时，端电压变化很小，所以具有稳压作用	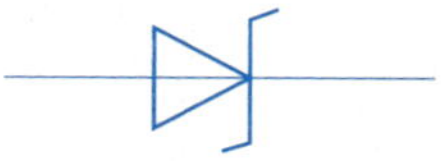	
发光二极管	发光二极管即 LED，是一种能把电能转换成光能的特殊器件。它不但具有普通二极管的伏安特性，而且当施加正向偏置时，还会发出可见光和不可见光		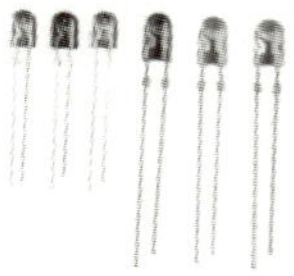

续表

<table>
<tr><th>种类</th><th>说明</th><th>电路符号</th><th>图示</th></tr>
<tr><td>光电二极管</td><td>光电二极管的 PN 结工作在反向偏置状态，在光的照射下，其反向电流随光照强度的增加而上升（这时的反向电流叫作光电流）。光电二极管的主要特点是其反向电流与光照强度成正比。常用的光电二极管为近红外线接收管，是一种光电变换器件</td><td></td><td></td></tr>
<tr><td>变容二极管</td><td>二极管结电容的大小除了与本身的结构和工艺有关外，还与外加电压有关。结电容随反向电压的增加而减小，这种效应显著的二极管称为变容二极管，变容二极管常用于高频电路直接调频等应用场景</td><td>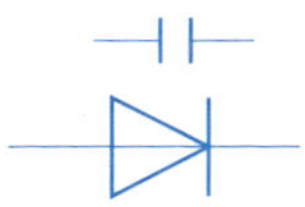</td><td></td></tr>
</table>

4. 二极管的测量

二极管的质量好坏可利用万用表测量其正、反向阻值来判断。一般硅材料二极管的正向电阻为几千欧，锗材料二极管的正向电阻为几百欧。判断二极管的好坏，主要看它的单向导电性能，正向电阻越小、反向电阻越大的二极管质量越好。如果一个二极管正、反向电阻值相差不大，那一定是劣质管。如果正、反向电阻值为无穷大或是零，则二极管内部已短路或被击穿。以 MF500 型万用表为例，二极管的测量方法见表 7.3.2。

表 7.3.2　二极管的测量方法

<table>
<tr><th rowspan="2">测试项目</th><th rowspan="2">测试方法</th><th colspan="2">正常数据</th><th rowspan="2">极性判断</th></tr>
<tr><th>硅管</th><th>锗管</th></tr>
<tr><td rowspan="2">正向电阻</td><td rowspan="2">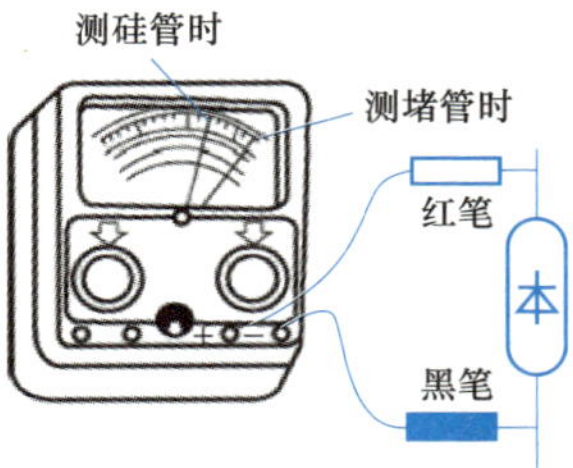

R×100 挡或R×1k 挡</td><td>表针指示在中间偏右一点</td><td>表针偏右靠近满度，而又不到满度</td><td rowspan="2">万用表黑笔连接的一端为二极管的阳极</td></tr>
<tr><td colspan="2">几百欧至几千欧</td></tr>
<tr><td rowspan="2">反向电阻</td><td rowspan="2">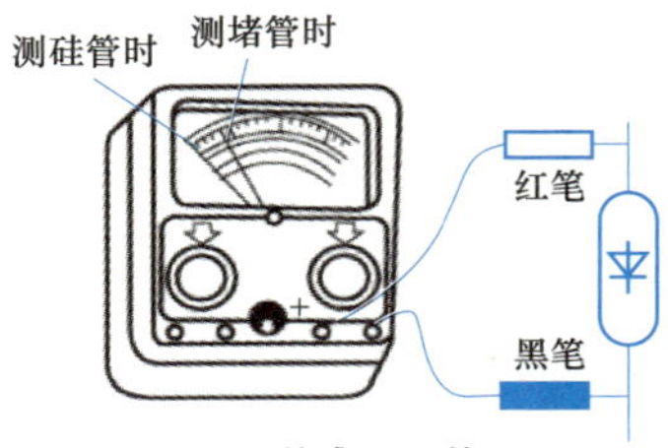

R×100 挡或R×1k 挡</td><td>表针一般不动</td><td>表针只摆动一点</td><td rowspan="2">万用表黑笔连接的一端为二极管的阴极</td></tr>
<tr><td colspan="2">大于几百千欧</td></tr>
</table>

7.3.2 半导体三极管

三极管是放大电路的核心电子元件，具有电流放大作用。它是由两个背靠背的 PN 结构成的，图 7.3.6 所示为常见的三极管。

图 7.3.6 常见的三极管

1. 三极管的结构

三极管由三个区、三个极、两个结构成，通过一定的工艺，在一块半导体上掺入不同的杂质制成靠在一起的两个 PN 结，形成三个杂质区，从每个区各引出一个电极就构成了三极管。三极管的三个区为：发射区（发射载流子的区域）、基区（传输载流子的区域）、集电区（收集载流子的区域）。各区引出的电极依次为发射极（e）、基极（b）和集电极（c）。发射区与基区的交界处形成发射结；基区与集电区的交界处形成集电结。根据半导体各区的类型不同，晶体管可分为 NPN 型和 PNP 型两大类，如图 7.3.7 所示。

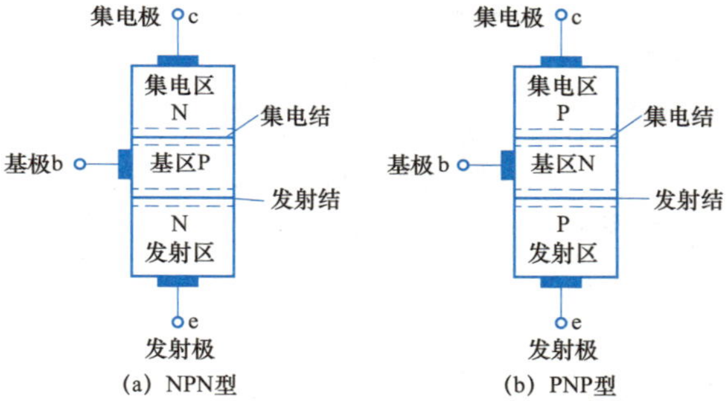

图 7.3.7 三极管的结构

2. 三极管的电路符号

三极管的符号如图 7.3.8 所示，图中箭头方向为发射结正向偏置时电流的方向。

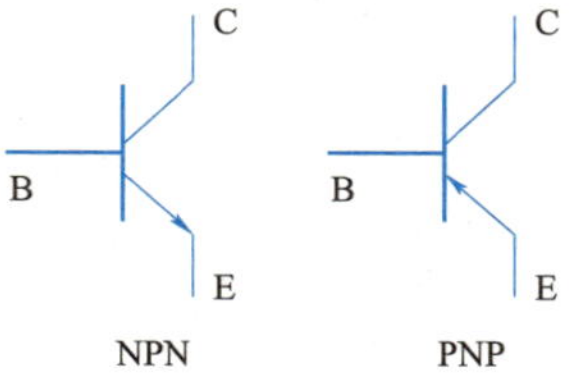

图 7.3.8 三极管的符号

3. 三极管的测量（以指针式万用表测量为例）

三极管管型与极性的判别方法见表 7.3.3。

表 7.3.3　三极管管型与极性的判别方法

判别内容		方　法	图　示
判别管型和基极	PNP 型	选用万用表 R×100 挡，先用红表笔接某管脚，黑表笔分别接另两管脚，这样可测得三组电阻值，其中两次电阻值都很小的那组，红表笔所接的管脚就是基极 b	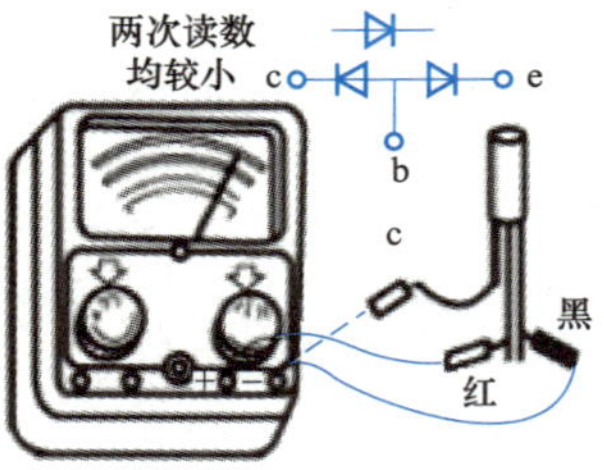
判别管型和基极	NPN 型	选用万用表 R×100 挡，先将黑表笔接某一管脚，用红表笔分别接另外两管脚，其中两次电阻值都很小的那组，黑表笔所接的管脚就是基极 b	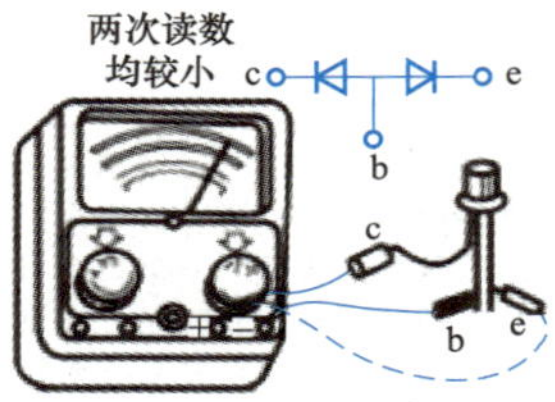
判别集电极（以 PNP 型为例）		选用万用表 R×100 挡，将待测的 c、e 两脚分别接红表笔和黑表笔，同时用手指触及 b 脚和红表笔所接管脚，然后交换红、黑表笔，再用手指触及 b 脚和红表笔所接管脚，其中，测得电阻值较小时的一次，红表笔所接的管脚是集电极 c。对于 NPN 型测试方法同上，但电阻值较小时，黑表笔所接的管脚是集电极 e	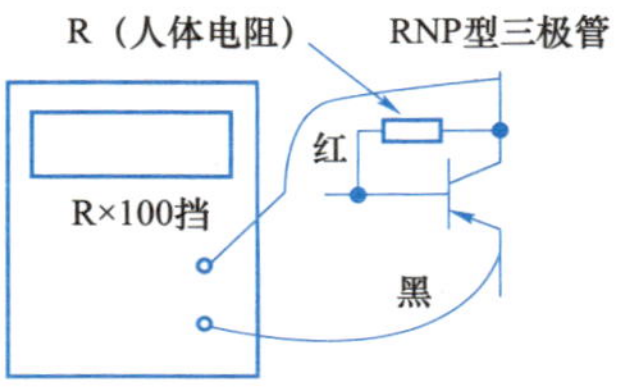

任务实施

请根据任务单要求完成实训操作。

任务名称	半导体元件的认识		
学生姓名		学号	
1. 任务内容 1）实训设备与工具 二极管 2 只（好坏随机）、三极管 2 只（类型随机）、指针式万用表 1 台、标签纸。 2）实训项目 （1）将常用二极管、三极管的符号画在表中。 （2）根据项目 4 任务 4.1 中指针式万用表的操作要领和本任务中介绍的二极管的测量方法判断出二极管的好坏，将测量结果填入表中。 （3）根据项目 4 任务 4.1 中指针式万用表的操作要领和本任务中介绍的三极管的测量方法判断出三极管的类型与极性，将类型测量结果填入表中，用标签纸在三极管上标定好极性。			

续表

<table>
<tr><td rowspan="2">二极管的符号</td><td>普通二极管</td><td>稳压二极管</td><td>发光二极管</td><td>光电二极管</td><td>变容二极管</td></tr>
<tr><td></td><td></td><td></td><td></td><td></td></tr>
<tr><td rowspan="2">三极管的符号</td><td colspan="3">NPN</td><td colspan="2">PNP</td></tr>
<tr><td colspan="3"></td><td colspan="2"></td></tr>
<tr><td rowspan="3">二极管好坏的判断</td><td colspan="3">二极管</td><td colspan="2">状态（正常、断路、击穿）</td></tr>
<tr><td colspan="3">VD1</td><td colspan="2"></td></tr>
<tr><td colspan="3">VD2</td><td colspan="2"></td></tr>
<tr><td rowspan="4">三极管类型与极性的判断</td><td colspan="2">三极管</td><td colspan="3">类型（NPN\PNP）</td></tr>
<tr><td colspan="2">VT1</td><td colspan="3"></td></tr>
<tr><td colspan="2">VT2</td><td colspan="3"></td></tr>
<tr><td colspan="2">VT3</td><td colspan="3"></td></tr>
</table>

2. 实训操作

（1）操作前对工具设备进行检查，包含好坏、数量等。

（2）画出常用二极管、三极管的符号。

（3）利用指针式万用表判断二极管的好坏。

（4）利用指针式万用表判断三极管的类型与极性。

（5）小组验收和评价，小组长由老师监督实操过程，小组成员由小组长负责监督实操过程。

任务评价

本人、组长、老师分别根据任务完成情况在表 7.3.4 中进行任务评价。

表 7.3.4　任务评价表

序号	操作项目	自评	组评	师评	总评	备注
1	二极管、三极管符号的绘制情况					
2	二极管好坏的判断情况					
3	三极管的类型与极性的判断情况					
4	万用表使用、工位整理					
得分						

任务总结

将本任务实施过程中的收获与问题总结填写在表 7.3.5 中。

表 7.3.5 收获与问题总结表

序号	我学会的	我的疑问	解决办法
1			
2			
3			
4			
5			

存在的问题：

项目 8　电子产品手工焊接与装配

任务 8.1　电子产品手工焊接工具

任务导入

生活中会使用到很多电子产品，如收音机、蓝牙音箱、电子时钟等，这些电子产品的电路部分都是运用焊接技术制作而成的。手工焊接技术是一项重要的电子制作技能，涉及多个方面，包括焊接工具的选择、焊接条件的掌握、焊接步骤的执行及注意事项的遵循等。本任务主要介绍电子产品手工焊接过程中常用的工具。

任务目标

1. 了解常用焊接工具的作用。
2. 了解常用焊接工具的分类。
3. 掌握常用焊接工具的使用方法。

任务准备

在手工制作电子产品的过程中，常常需要借助专业的焊接工具来完成，常用到的焊接工具有电烙铁、吸锡器、焊锡丝、助焊膏、放大镜、防静电手环及其他辅助附件等。

8.1.1　电烙铁

电烙铁是电子产品制作过程中最主要的工具之一，是决定焊接操作成功与否的重要工具，是用来焊接电子元器件、电气线路、五金线材及其他一些金属物体的电热器具。根据焊接操作的要求，电烙铁需要具备温度稳定快、热量充足、耗电少、热效率高、温度下降少、可连续焊接、重量轻、便于操作、便于维修、结构坚固、寿命长等条件，除此之外电烙铁还应该具备漏电流小、静电弱、对元器件没有磁性影响等性能。

1. 电烙铁的结构

电烙铁主要由烙铁头、烙铁心、外壳、手柄、接线柱、紧固螺钉、电源线等组成，如图 8.1.1 所示。

（1）烙铁头又称焊嘴，主要材料是铜，在焊接过程中将其直接接触需要焊接的元件，将热能传递给焊接点。

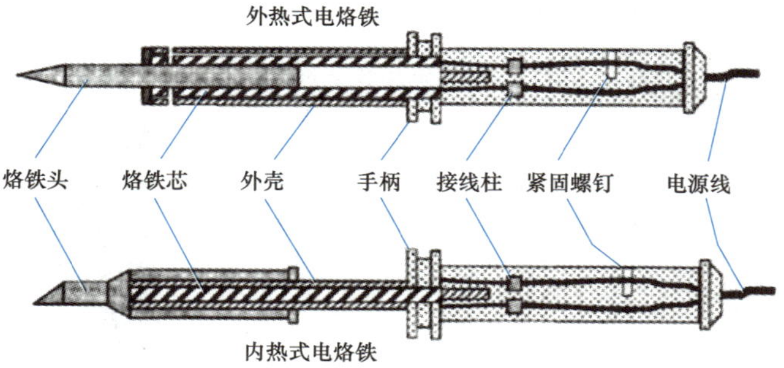

图 8.1.1　电烙铁的结构

（2）烙铁芯又叫发热体，通常由电热丝平行地绕制在一根空心瓷管上构成，中间用云母片绝缘，并引出两根导线与电源连接。它的作用是将电能转换为热能，是电烙铁的核心部件。

（3）电烙铁的外壳通常由耐高温材料制成，如金属或陶瓷。它的作用是保护电烙铁的内部结构，防止用户直接接触高温部件。

（4）手柄通常采用绝缘材料制成，以防止电流通过手柄传到用户身上，供用户握持，以便在操作电烙铁时保持稳定和舒适。

（5）接线柱是发热体和电源线的连接点。电烙铁的内部有三个接线柱，接线时应用三芯线，外壳需要接保护零线，起到保护作用。

2. 电烙铁的分类

电烙铁的种类有很多，详见表 8.1.1。

表 8.1.1　电烙铁的分类

分类方式	类别	说　明	图　示
根据烙铁芯的热传递方式分类	内热式	当电烙铁通电时，电能从电源传输到加热芯体上，使其发热。热量通过加热芯体传递到烙铁头上，实现对烙铁头的加热。内热式电烙铁的加热元件位于烙铁头内部，能够迅速将热量传递给烙铁头，实现快速升温	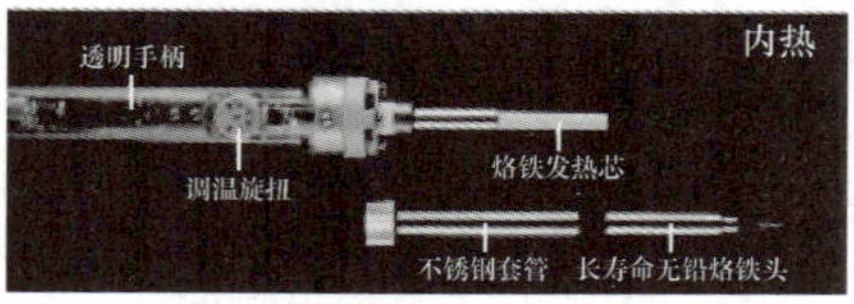
	外热式	外热式电烙铁的烙铁芯分布于电烙铁的外部，当电烙铁插入电源时，电加热丝开始加热，将电能转化为热能。这些热能随后通过烙铁体的热传导作用，传递到烙铁头上，使其加热至所需的温度。由于外热式电烙铁的发热元件位于烙铁体外部，相对于内热式电烙铁而言，其加热元件受到的氧化和腐蚀程度较轻，因此通常具有较长的使用寿命	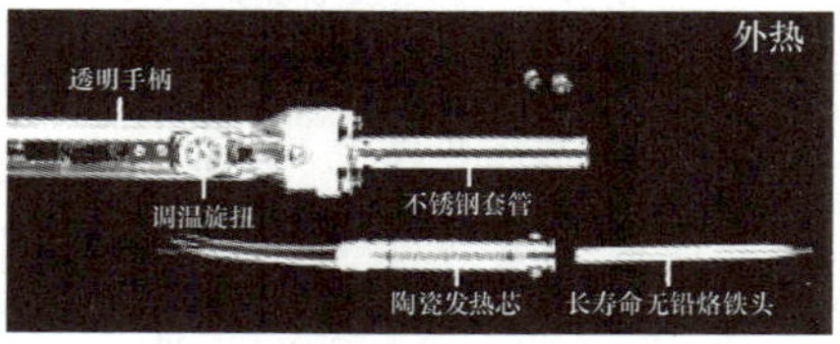
根据烙铁头的形状分类	粗头	粗头烙铁头是烙铁头的一种常见类型，也是最基本的类型之一。它的头部较大，适合进行大面积的焊接，如焊接电子元件和电路板等。粗头烙铁头通常由铜制成，具有良好的导热性能，能够快速将热量传递到焊接部位，提高焊接效率	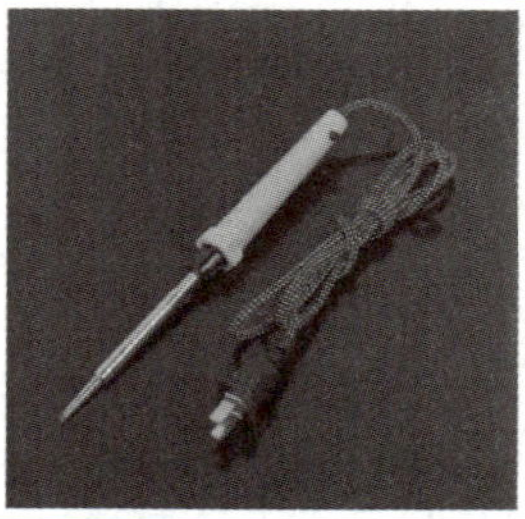

续表

分类方式	类别	说　明	图　示
根据烙铁头的形状分类	细头	细头烙铁头与粗头烙铁头相对应，它的头部较小，适合进行细小部件的焊接，如焊接微型元器件和精密电子产品等。细头烙铁头通常由特殊合金制成，具有较高的耐磨性和耐腐蚀性，可以在长时间使用中保持较好的焊接效果	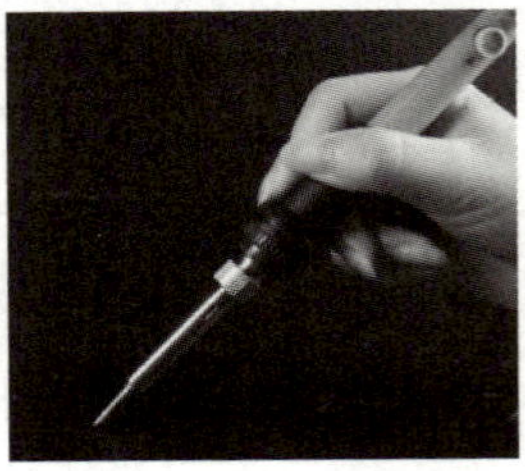
	刀头	刀头烙铁头是一种特殊形状的烙铁头，头部呈刀刃状。它适用于一些特殊的焊接需求，如焊接塑料管道、焊接金属材料等。刀头烙铁头通常由不锈钢或特殊合金制成，具有较高的硬度和耐用性，能够满足一些特殊焊接工艺的需求	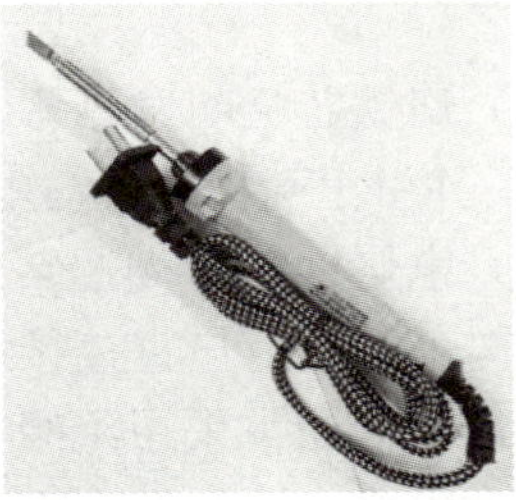
	针头	针头烙铁头是一种特殊形状的烙铁头，头部呈针尖状。它适用于一些需要精确焊接的场合，如焊接微型电子元器件的细小焊点等。针头烙铁头通常由特殊合金制成，具有较高的导热性和耐腐蚀性，能够满足高精度焊接的需求	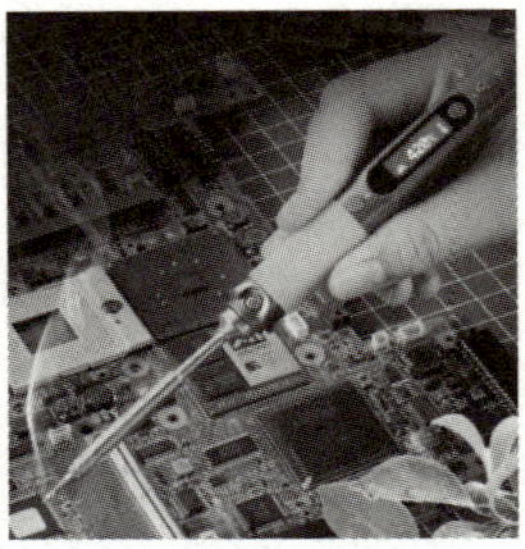
	弯头	弯头烙铁头是一种头部呈弯曲形状的烙铁头，它适用于一些需要在狭窄空间内进行焊接的场合，如焊接器件背面、焊接电路板底部等。弯头烙铁头通常由铜制成，有较好的导热性能和弯曲性能，便于焊接操作	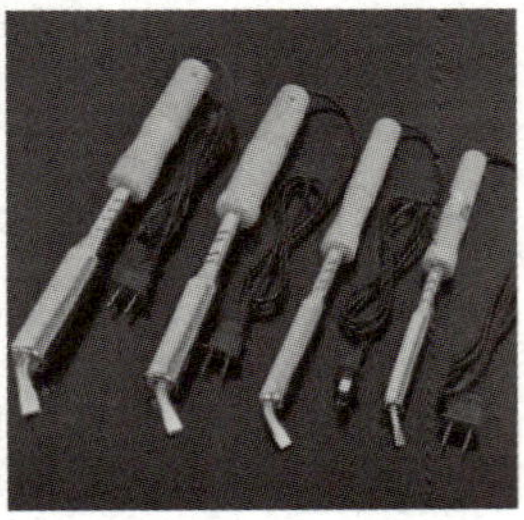
根据功率分类	20 W、25 W、30 W、35 W、…、100 W、200 W、300 W 等	一般元器件的焊接以 20 W 内热式电烙铁为宜；焊接集成电路、易损元器件时可以采用储能式电烙铁；焊接大的焊件时可采用 150～300 W 大功率外热式电烙铁。小功率电烙铁烙铁头的温度一般在 300～400 ℃之间。实际工作中应根据元器件大小按照要求选用不同功率的电烙铁	

3. 电烙铁的使用方法

1）电烙铁的握法

电烙铁的握法有反握法、正握法和握笔法三种，如图 8.1.2 所示。

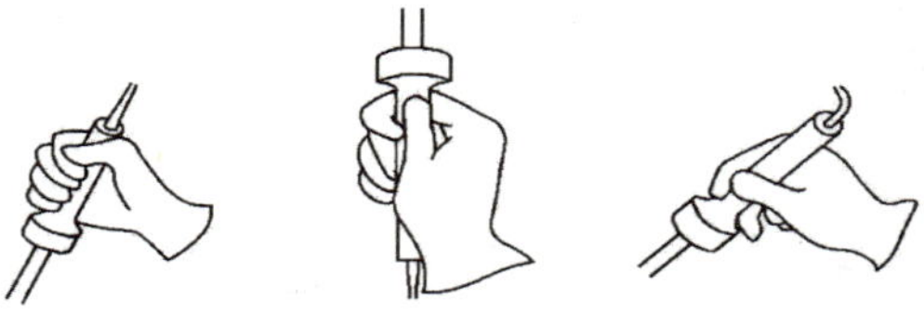

图 8.1.2　电烙铁的握法

(1）反握法：用五指把电烙铁的手柄握在掌内，烙铁头在大拇指侧。此法焊接时动作稳定，操作不易疲劳，适用于大功率电烙铁，焊接散热量大的被焊件。

(2）正握法：用五指把电烙铁的手柄握在掌内，与反握法不同的是烙铁头在小指侧。适用于中功率电烙铁，弯形烙铁头一般也用此法。

(3）握笔法：用握笔的方法握住电烙铁。适用于小功率电烙铁，焊接散热量小的被焊件，如焊接收音机、电视机的印制电路板及其维修等。

2）电烙铁使用注意事项

(1）新买的电烙铁使用之前首先要用万用表对其进行检查，确保电烙铁没有问题方可使用。

(2）检查烙铁头是否松动，如果松动需要将其紧固。

(3）检查电源线绝缘覆皮有无破损，如果破损须用绝缘胶带缠好，防止使用过程中发生漏电事故。

(4）定期做好烙铁头的保养，烙铁头在长期不使用时需将烙铁头上镀上锡，禁止使用锉刀或砂纸打磨，可以用抹布或吸水海绵进行擦拭。

(5）当电烙铁闲置不用时，应及时关闭电源，避免烙铁头和烙铁芯加速氧化，缩短使用寿命。

(6）使用电烙铁过程中应注意安全问题，不能将电烙铁随手放置，电烙铁暂时不用时应该将其放置在电烙铁架上，避免引起火灾或者是烫伤。

(7）电烙铁使用过程中不能采用用力甩的方法来去除烙铁头上的多余焊锡，避免焊锡球烫伤周围的人，要采用专用吸水海绵或抹布擦拭掉。

(8）使用电烙铁时应注意电烙铁温度，温度太低不容易熔化焊锡，导致焊点不好看或者是虚焊、假焊等现象发生，温度太高容易使电烙铁“烧死”。

(9）焊接过程中要注意不能使电源线搭到电烙铁上，避免烫坏电源线绝缘覆皮发生漏电现象，导致发生事故。

(10）不能用力敲打电烙铁，否则可能导致震断电烙铁内部电热丝或引线而产生故障。

(11）焊接结束后，应该及时切断电烙铁电源，待电烙铁冷却后将其放回工具箱，切记不可刚拔掉电烙铁的电源插头就将其拿起放回工具箱，初学者经常会犯这种错误，不仅会烫伤自己也会烫坏工具箱中的其他物品。

8.1.2　吸锡器

在调试、维修以及元器件焊错的情况下都要对元器件进行拆焊更换。在手工焊接中常用到的拆焊工具是吸锡器，它的主要作用就是吸除需要拆焊的电子元器件所在焊盘上的焊锡，从而让元器件引线拆卸成功。吸锡器主要由吸嘴、腔体、凸点按钮、胶柄活塞组成，如图 8.1.3 所示。

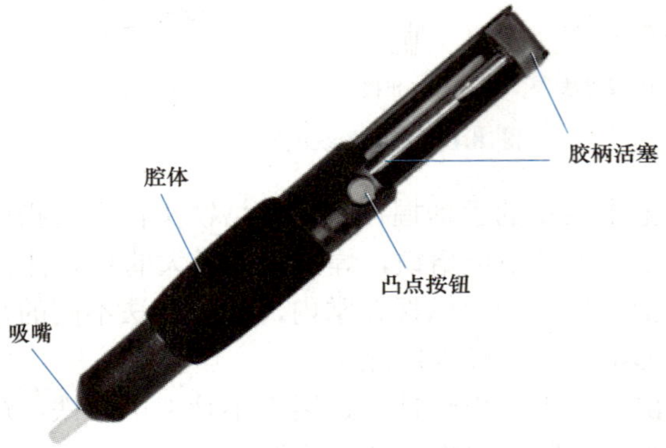

图 8.1.3　吸锡器的结构

1. 吸锡器的使用方法

（1）先把吸锡器胶柄活塞向下压，直至听到“咔”的一声，里面的弹簧卡住为止。

（2）用电烙铁加热需要拆焊的焊点直至该焊点钎料全部熔化为止。

（3）将吸锡器吸嘴蘸少许松香。

（4）移开电烙铁的同时，迅速把吸锡器吸嘴贴到焊点上，并按动凸点按钮，将钎料吸进腔体内。也可采用不撤离电烙铁直接把吸锡器吸嘴贴到焊点上的方法，这样可以避免因动作缓慢导致熔化的焊锡又凝固的现象，但是这种操作如果不小心会导致吸锡器吸嘴损坏，所以使用时一定要注意不要让吸嘴碰到烙铁头。

（5）吸锡器吸除焊锡有时一次吸不干净，这就需要重复操作多次，直至能将元器件引线拆除为止。如果焊锡很少时还不能将元器件引线拆下，需要将拆焊的焊点重新上锡后重复上述步骤直到拆除元器件为止。

2. 吸锡器使用注意事项

（1）使用前需要检查吸锡器的密封是否良好，检查方法是先将吸锡器胶柄活塞按到最低位置，即将腔体内的气体压出，然后用手指肚堵住吸锡器吸嘴的小孔，按下凸点按钮，如果活塞不易弹出到位说明密封效果良好，反之密封效果不好。只有密封效果良好的吸锡器使用时才能有效地吸除焊点焊锡，顺利进行拆焊。

（2）要根据电路板上元器件引线的粗细不同来选择不同规格的吸嘴孔径，标准吸嘴内孔直径为 1 mm、外径为 2.5 mm；如果元器件引线间距较小，还可以选用内孔直径为 0.8 mm、外径为 1.8 mm 的吸嘴；如果焊盘大、元器件引线粗，可选用内孔直径为 1.5～2.0 mm 的吸嘴，依据具体情况而定。

（3）吸锡器的吸嘴长时间使用后吸锡效果变差，此时需要及时更换新的吸嘴。

（4）拆焊时，在每次接触焊点之前，都需要将吸锡器吸嘴蘸一点松香，以此改善焊锡的流动性，增强吸除效果。

（5）吸嘴接触焊点的时间稍长，当焊锡熔化后，以焊点针脚为中心，手向外按顺时针方向画一个圆圈之后再按动吸锡器凸点按钮进行焊锡吸除。

（6）若吸除焊锡时，焊点焊锡没有完全熔化就使用吸锡器吸除，会导致元器件引线处有残留的焊锡，这种情况下不能再继续用吸锡器吸除，需要将引线补上少许焊锡之后再用吸锡器吸除焊锡，才能将残留的焊锡吸除，或者用吸锡带吸走剩余焊锡。

（7）吸锡器用过几次之后，焊锡有可能将腔体或者吸嘴塞满，这时需要清除腔体内的焊锡之后再进行工作，否则吸锡器不起作用，一般清理方法是将吸锡器的吸嘴拆下来然后进行清理。

8.1.3　焊锡丝

焊锡丝也被称为焊锡线、锡线或锡丝，是电子焊接中必不可少的焊锡辅料之一，如图 8.1.4 所示。焊锡丝主要由锡合金和助剂（助焊剂）两部分组成。焊锡丝通过熔化后填充在电子元器件的引脚与电路板或其他金属部件之间的缝隙中，形成牢固的金属连接。这种连接不仅保证了电路的导通性，还使得各个元器件能够稳定地固定在电路板上，防止因振动或冲击而脱落。除此以外焊锡丝还具有导电、散热等作用。

图 8.1.4　焊锡丝

8.1.4　助焊膏

助焊膏是一种在焊接工艺中能帮助和促进焊接过程，同时具有保护作用、阻止氧化反应的化学物质，如图 8.1.5 所示。

图 8.1.5　助焊膏

8.1.5　放大镜

放大镜是在焊接一些细小元件（比如贴片元件）时或者焊接引线比较密集的芯片时帮

助焊接者观察的设备，也可以用于焊点可靠性检查中，如图 8.1.6 所示。一般焊接用放大镜分为两种，一种是用于简单的放大，另外一种是同时具有放大与照明的作用。

图 8.1.6　放大镜

8.1.6　防静电手环

人体经常会由于某种原因带上静电，在焊接印制电路板时，静电接触电子元器件会对电子元器件产生静电电击，有可能造成精密元器件被瞬间产生的高压损坏，因此在焊接电子产品尤其是芯片元器件时需要将身体上产生的静电消除，在电子产品焊接中就采用佩戴防静电手环的方法去除人体上的静电，如图 8.1.7 所示。

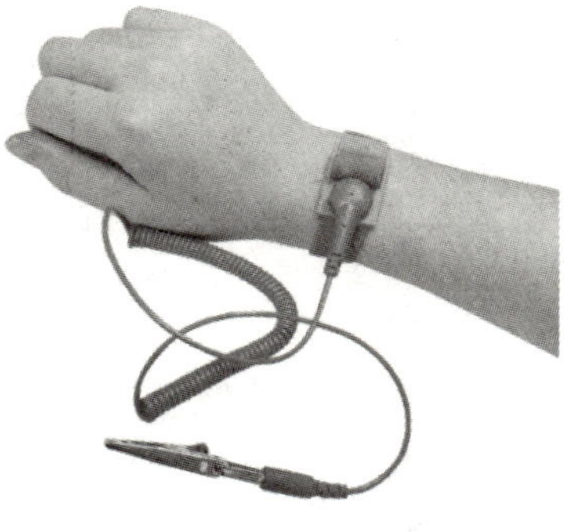

图 8.1.7　防静电手环

8.1.7　其他辅助附件

在手工焊接中，要完成焊接工作还需要搭配一些辅助附件才能顺利地进行，如烙铁支架、吸水海绵、镊子、斜口钳等。

烙铁支架：主要是用于放置焊接过程中的电烙铁，它具有较好的耐高温能力，如图 8.1.8（a）所示。

吸水海绵：主要用于擦拭烙铁头的残留物质，如图 8.1.8（b）所示。

(a) 烙铁支架　　(b) 吸水海绵

图 8.1.8　烙铁支架与吸水海绵

镊子：主要用来夹取电子元件，避免人体烫伤或者汗液氧化元件引脚。

斜口钳：主要用于钳断多余的引脚。

任务实施

请根据任务单要求完成实训操作。

<table>
<tr><td>任务名称</td><td colspan="3">电子产品手工焊接工具的使用</td></tr>
<tr><td>学生姓名</td><td></td><td>学号</td><td></td></tr>
<tr><td colspan="4">1. 任务内容
1）实训设备与工具
电烙铁、烙铁支架、吸水海绵、吸锡器、镊子、废旧电路板、元件盒。
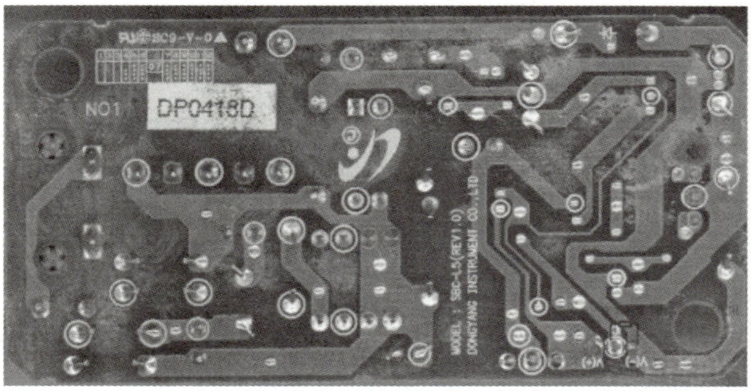

2）实训项目
根据任务准备中介绍的焊接工具的使用方法，在不损坏焊盘和电子元件的情况下，将废旧电路板上的电子元件取出放入元件盒。</td></tr>
<tr><td colspan="4">2. 实训操作
（1）操作前对工具设备进行检查，包含好坏、数量等。
（2）利用焊接工具取出电子元件。
（3）整理工位。
（4）小组验收和评价，小组长由老师监督实操过程，小组成员由小组长负责监督实操过程。</td></tr>
</table>

任务评价

本人、组长、老师分别根据任务完成情况在表 8.1.2 中进行任务评价。

表 8.1.2　任务评价表

序号	操作项目	自评	组评	师评	总评	备注
1	电烙铁使用是否规范					
2	吸锡器使用是否规范					
3	其他工具使用情况					
4	工位整理					
得分						

任务总结

将本任务实施过程中的收获与问题总结填写在表 8.1.3 中。

表 8.1.3　收获与问题总结表

序号	我学会的	我的疑问	解决办法
1			
2			
3			
4			
5			

存在的问题：

____

____

____

任务 8.2　焊接技术与工艺

任务导入

一款手工焊接电子产品要达到合格条件，必须焊接技术和焊接工艺双达标。焊接技术和焊接工艺是密不可分的。焊接技术是基础，提供了实现焊接连接的方法和手段；而焊接工艺则是指导焊接过程的技术规范，确保了焊接质量的一致性和稳定性。没有先进的焊接技术，就无法实现高质量的焊接连接；而没有科学合理的焊接工艺，再先进的焊接技术也难以发挥出其应有的效果。

任务目标

1. 掌握手工焊接的技术方法。
2. 掌握手工焊接的工艺要求。

任务准备

8.2.1　焊接前的准备工作

1. 焊接工具和辅助工具准备

（1）进行焊接之前，首先要对焊接工位进行清理，工作台面要整洁干净，准备好各种焊接工具和拆焊工具，如电烙铁、烙铁支架、吸水海绵、焊锡丝、助焊剂、吸锡器、镊子、放大镜、斜口钳等。

（2）根据电路原理图或者元件清单，清点元件数量，读取参数，检查元件好坏，将清点好的元件进行分类摆放。

（3）对电烙铁进行检查，保证能正常工作，检查无误以后可以进行上电预热。

（4）对元件进行插装工作，元件的插装方式有三种，分别是紧贴式插装、卧式插装和立式插装，如图 8.2.1 所示。紧贴式插装稳定性好，插装方便，但是不利于散热，因此适用于对散热要求不高的电子元件。卧式插装元件与电路板有一定的空间间隔，利于散热，但是在插装时对高度有要求，同时也要有足够的空间。立式插装比较节约电路板的空间，适用于空间有限的电路板。对于初学者来讲，建议插装一个元件焊接一个元件，安装元件的顺序为先小后大、先矮后高。

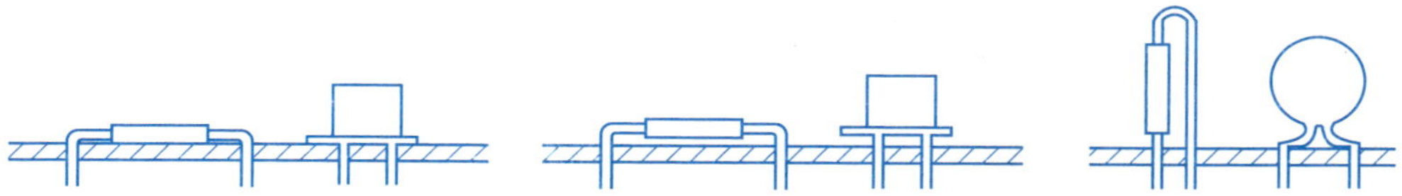

(a) 紧贴式插装　(b) 卧式插装　(c) 立式插装

图 8.2.1　电子元件的插装方式

2. 清洁准备

1）待焊件的清洁

镀锡之前首先要对镀面进行清洁工作，这样有助于镀锡的可靠性，清洁主要是对附着在焊件表面的锈迹、油迹、附着物等进行清洁，可以用酒精进行清洁，如果锈迹或污物严重可以用砂纸打磨或采用其他机械方法去除，也可用断锯条自制成小刀，刮去金属引脚表面的氧化层，使引脚露出金属光泽。

2）印制电路板的清洁

焊接前，还应对电路板进行焊前处理，用砂纸打磨使电路板焊点部位露出金属光泽，然后将处理部位涂上一层松香酒精溶液。

8.2.2　手工焊接操作方法

1. 焊锡丝的操作方法

使用焊锡丝之前先要清理掉沾黏在焊锡丝表面的污物，一般右手持握电烙铁，左手拿焊锡丝。焊锡丝顶端超出手指 3 cm 左右。焊接时，用拇指、食指和小指夹住焊锡丝，另外两个手指配合使用，自然收掌，这样在连续焊接时可以持续不断地送焊，不易疲劳。

2. 电烙铁加热焊件的方法

电烙铁焊接元器件时，要在最短的时间内使几种金属上升至同一温度，才能达到良好的焊接效果。电烙铁的方向是个重要的影响因素，只有有效地利用烙铁头的侧面才能达到良好的热传导效果。所以在焊接时要注意，让烙铁头与焊件形成有效的面接触，同时要保证每次焊接前烙铁头没有残留焊锡，图 8.2.2 为烙铁头与焊件的正确接触方法。

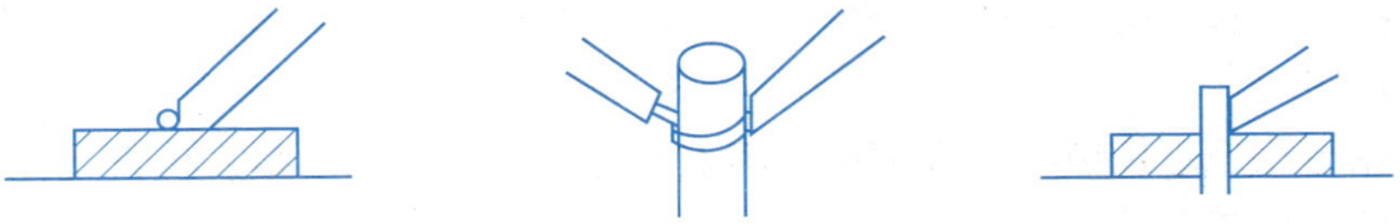

图 8.2.2　烙铁头与焊件的正确接触方法

3. 熔化焊锡的方法

焊接过程中熔化焊锡也有一定的技巧和方法，熔化焊锡的方法如图 8.2.3 所示。先加热元器件引线，然后送焊锡，熔化焊锡，如图 8.2.3（a）所示。图 8.2.3（b）所示为先将焊锡放在元器件引线上，然后将烙铁头放在焊锡上，熔化焊锡。该方法最适合于焊接小型元器件。

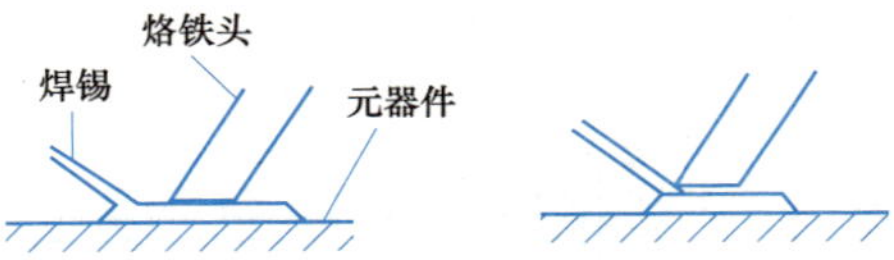

(a) 一般情况　　(b) 焊接小型元器件

图 8.2.3　熔化焊锡的方法

4. 移开电烙铁的方法

焊锡撤离之后焊点完全润湿，此时需要移开电烙铁，如果继续加热会导致原来合格的焊点外观遭到破坏，外观有可能呈现无规则的粗糙颗粒状，颜色变得不明亮，可能会导致焊点不合格。如果加热时间过短会导致不完全焊接的“松香焊”“电渣焊”等。因此必须等焊锡完全润湿之后才能移开电烙铁，而且移开电烙铁的方法也直接影响到焊点焊锡的多少及焊点的可靠性。移开电烙铁的方法如图 8.2.4 所示。

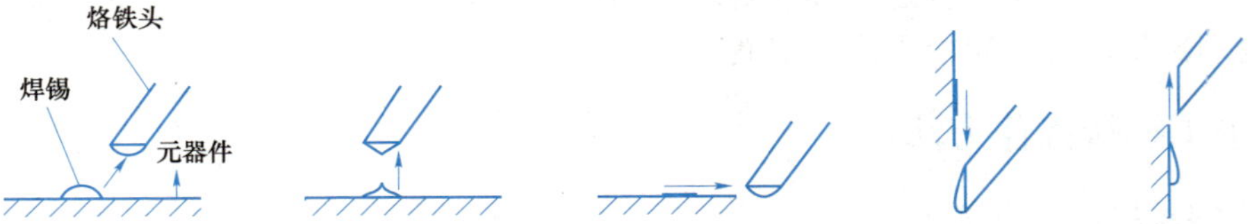

图 8.2.4　移开电烙铁的方法

5. 焊接步骤

手工焊接一般分为五步焊接法和三步焊接法，对于初学者来讲，五步焊接法更适合，如图 8.2.5 所示。

第一步为准备施焊：焊接之前首先要检查电烙铁，烙铁头要保持清洁，处于带锡状态，即可焊状态。一般左手拿焊锡，右手拿电烙铁，将烙铁头和焊锡靠近，处于随时可以焊接的状态，同时认准位置。

第二步为加热焊件：将烙铁头接触待焊元器件的焊点，将上锡的烙铁头沿 45° 方向贴紧被焊元器件引脚进行加热，使焊点升温。

第三步为熔化焊锡：元器件引脚加热到能熔化焊锡的温度后，沿 45° 方向及时将焊锡从烙铁头的对侧触及焊接处的表面，熔化适量焊锡。

第四步为撤离焊锡：熔化适量的焊锡之后迅速将焊锡移开。

第五步为撤离电烙铁：焊接点上的焊锡接近饱满、焊锡充分浸润焊盘和焊件、焊锡最光亮且流动性最强时及时移开电烙铁。此时应注意电烙铁撤离的速度和方向，大体上应该沿 45° 方向离开，这样可以形成一个光亮圆滑的焊点。完成一个焊点全过程所用的时间为 3～5 s 最佳，时间不能过长。

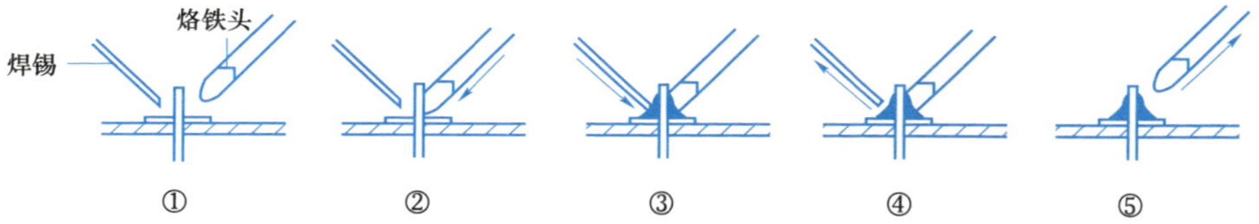

图 8.2.5　五步焊接法

8.2.3　焊点的质量要求

合格焊点要求焊接牢固、接触良好、锡点光亮且圆滑而无毛刺、锡量适中、焊锡和被焊件融合牢固，不应有虚焊和假焊等现象。合格焊点外观如图 8.2.6 所示。

图 8.2.6　合格焊点外观

不合格焊点有搭焊、钎料过多、拉尖、浮焊、空洞、松香过多、气泡、钎料过少、铜箔翘起等，如图 8.2.7 所示。

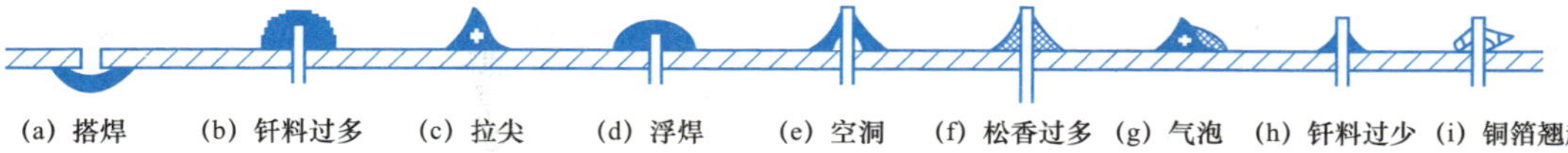

图 8.2.7　不合格的焊点

任务实施

请根据任务单要求完成实训操作。

任务名称	电子产品手工焊接技术与工艺		
学生姓名		学号	

1. 任务内容

1）实训设备与工具

电烙铁、烙铁支架、吸水海绵、吸锡器、水晶螺丝刀、斜口钳、镊子、基本放大电路原理图、基本放大电路套件（包括元件、PCB 板）。

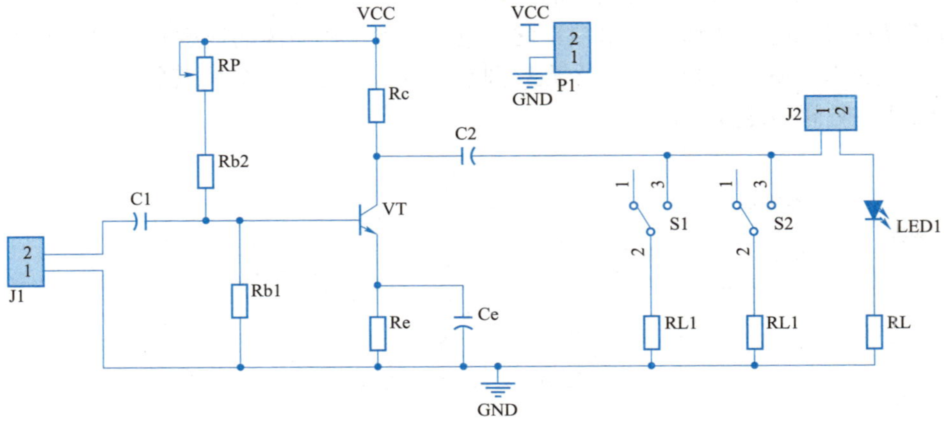

基本放大电路原理图

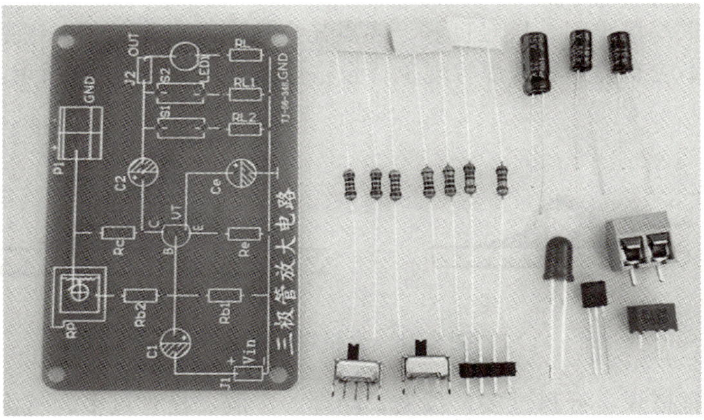

基本放大电路套件

2）实训项目

根据任务准备中介绍的焊接步骤、技巧以及工艺要求，完成基本放大电路的装配。

2. 实训操作

（1）操作前对工具、设备、耗材进行检查，包含好坏、数量等。

（2）根据任务准备中介绍的焊接步骤、技巧以及工艺要求，完成基本放大电路的装配。

（3）整理工位。

（4）小组验收和评价，小组长由老师监督实操过程，小组成员由小组长负责监督实操过程。

任务评价

本人、组长、老师分别根据任务完成情况在表 8.2.1 中进行任务评价。

表 8.2.1　任务评价表

序号	操作项目	自评	组评	师评	总评	备注
1	焊接的操作步骤是否正确					
2	焊接工艺是否达标					
3	焊接工具使用是否正确					
4	工位整理					
得分						

任务总结

将本任务实施过程中的收获与问题总结填写在表 8.2.2 中。

表 8.2.2　收获与问题总结表

序号	我学会的	我的疑问	解决办法
1			
2			
3			
4			
5			

存在的问题：

____

____

____

项目 9　初级电路分析

任务 9.1　照明电路

任务导入

在日常生活中，照明电路是必不可少的，常用的照明电路有单联开关控制电路、双联开关控制电路、荧光灯控制电路等。本任务将对上述三种照明电路进行详细介绍。

任务目标

1. 掌握常用照明电路的结构。
2. 掌握常用照明电路的工作原理。
3. 掌握常用照明电路的安装方法。

任务准备

照明电路是电力系统中的一个重要组成部分，它负责将电能转换为光能，以满足人们日常生活和工作的照明需求。照明电路主要由电源、开关、导线和照明灯具等部分组成。其中，电源提供电能，开关控制电路的通断，导线用于传输电能，而照明灯具则将电能转换为光能。

9.1.1　单联开关控制电路

单联开关控制电路简称单控照明电路，这是最基本的照明电路，也就是一个开关控制一盏灯。本任务以两只单联开关分别控制两盏白炽灯为例进行介绍，其电路由单相交流电源、导线、单联开关、白炽灯、灯座组成，其电路原理图如图 9.1.1 所示。

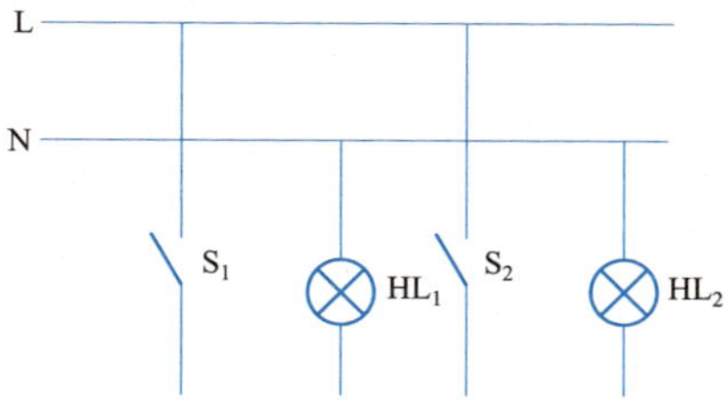

图 9.1.1　两只单联开关分别控制两盏白炽灯电路原理图

1. 电路结构认识

L 代表火线、N 代表零线、S 代表单联开关、HL 代表白炽灯。

2. 电路原理分析

单控照明电路是由一个简单的串联电路构成的，当电路中单联开关 S_1 闭合后，串联电路通路，白炽灯 HL_1 通电被点亮，S_1 断开，HL_1 断电而熄灭，HL_2 的控制方式同理。

3. 单控照明电路的安装

先准备好工艺板、断路器、导线、单联开关、灯座、自攻螺丝、螺丝刀、剥线钳等工具耗材。

安装方法如下。

（1）将电源零线（N）分别与两只灯座中与螺口相连接的接线柱连接，如图 9.1.2 所示。

（2）将两只灯座中与中间接触片相连接的接线柱分别与开关 S_1、S_2 连接，如图 9.1.3 所示。

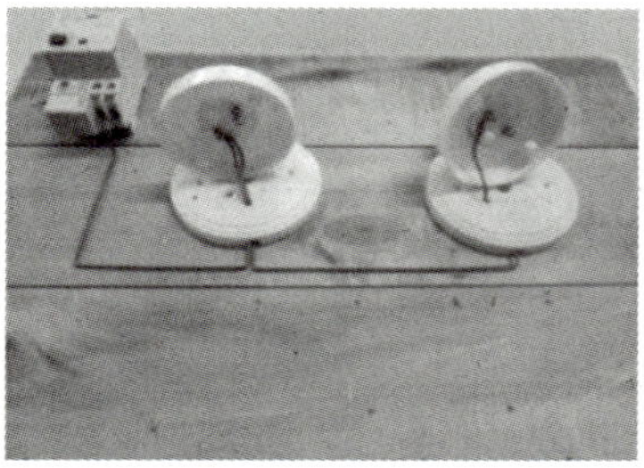

图 9.1.2　零线连接

图 9.1.3　开关与灯座的连接方法

（3）将开关 S_1、S_2 的另一端分别与电源火线（L）出线端连接，如图 9.1.4 所示。

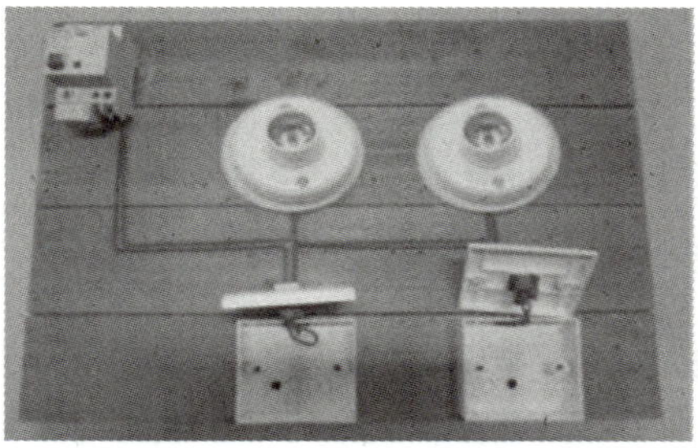

图 9.1.4　火线与开关的连接方法

（4）装上灯，闭合开关 S_1 或 S_2，用万用表检测断路器的 L、N 出线端间电阻值，如测得灯 HL_1、HL_2 的电阻值，说明安装正确。

9.1.2　双联开关控制电路

双联开关控制电路简称双控照明电路，就是两个双联开关分别安装在两个不同的位置，用于控制同一盏灯的亮灭。这种电路方便人们在不同的位置控制灯的开关，如卧室的门口和床头。电路由单相交流电源、导线、双联开关、白炽灯、灯座组成。双控照明电路原理图如图 9.1.5 所示。

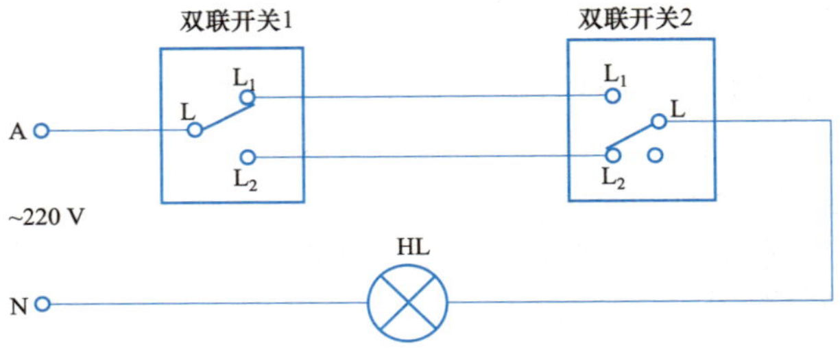

图 9.1.5　双控照明电路原理图

1. 双联开关介绍

如图 9.1.5 所示，双联开关由 3 个触点组成，分别是 1 个动触点 L 和 2 个静触点 L_1、L_2，当按动双联开关时，就可以改变动触点与静触点的连接方式。

2. 电路原理分析

如图 9.1.5 所示，初始状态下双联开关 1 和 2 处于断开状态，电路短路，灯泡处于熄灭状态；当按下双联开关 1，动触点 L 与静触点 L_2 相连，电路通过双联开关 1 和 2 接通，电路处于通路状态，灯泡被点亮；再按下双联开关 1，动触点 L 与静触点 L_1 相连，电路断开，灯泡熄灭。双联开关 2 控制方式与双联开关 1 同理。

3. 双控照明电路的安装

先准备好工艺板、断路器、导线、双联开关、灯座、自攻螺丝、螺丝刀、剥线钳等工具耗材。

安装方法如下。

（1）将电源零线（N）与灯座中与螺口相连接的接线柱连接，如图 9.1.6 所示。

（2）将灯座中与中间接触片相连接的接线柱与一只开关的 L 接线柱连接，如图 9.1.7 所示。

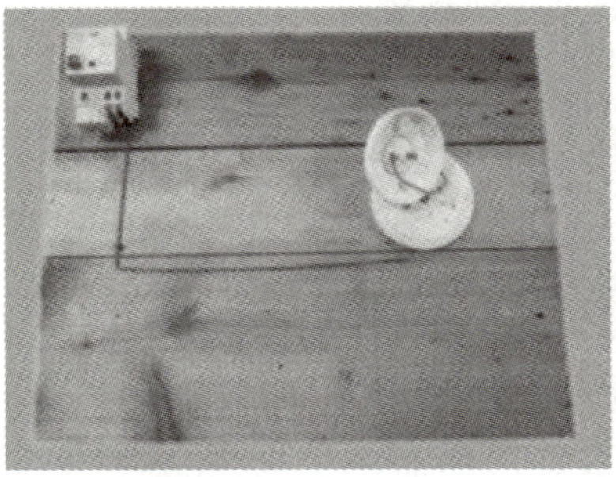

图 9.1.6　灯座与零线的连接方法

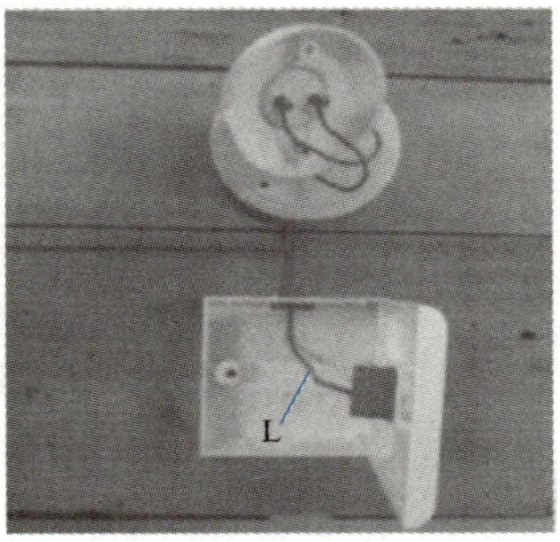

图 9.1.7　灯座与开关的连接方法

（3）将两只开关之间的 L_1、L_2 接线柱分别连接，如图 9.1.8 所示。

（4）将另一只开关的 L 接线柱与电源火线（L）连接，如图 9.1.9 所示。

（5）装上灯，闭合双联开关 1 或双联开关 2，用万用表检测低压断路器的 L、N 出线端间电阻值，如测得灯 HL 的电阻值，说明安装正确。

注意：安装螺口灯座时要注意接线方式，相线（火线）必须接在与灯座中间接触片连接的接线柱上；中性线（零线）必须接在与螺口连接的接线柱上，如图 9.1.10 所示。

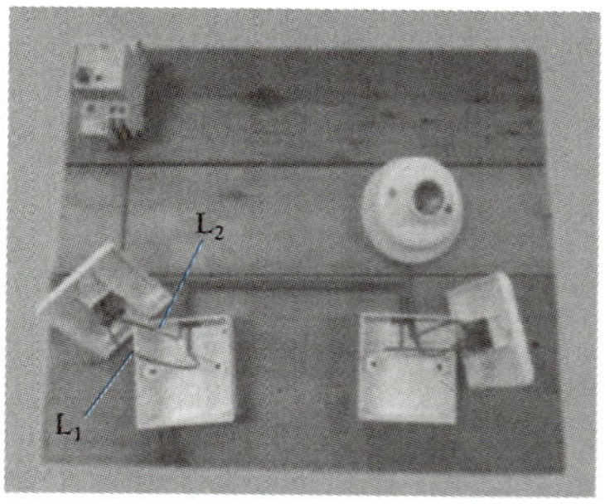

图 9.1.8 双联开关之间的连接方法

图 9.1.9 双联开关与火线的连接方法

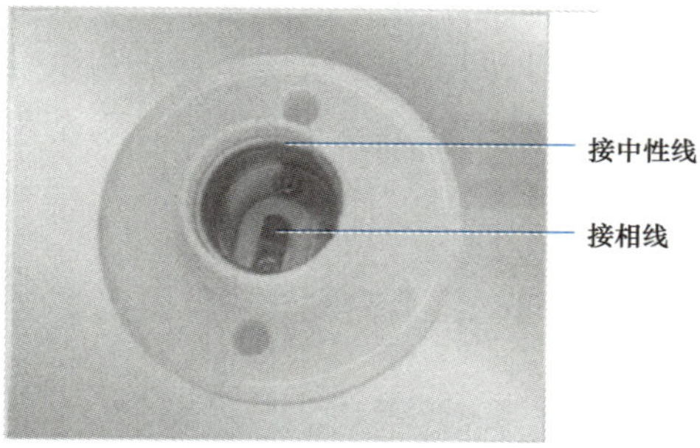

图 9.1.10 灯座的接线方法

9.1.3 荧光灯控制电路

1. 荧光灯的结构

荧光灯主要由镇流器、灯管、辉光启动器、灯座等组成，如图 9.1.11 所示。

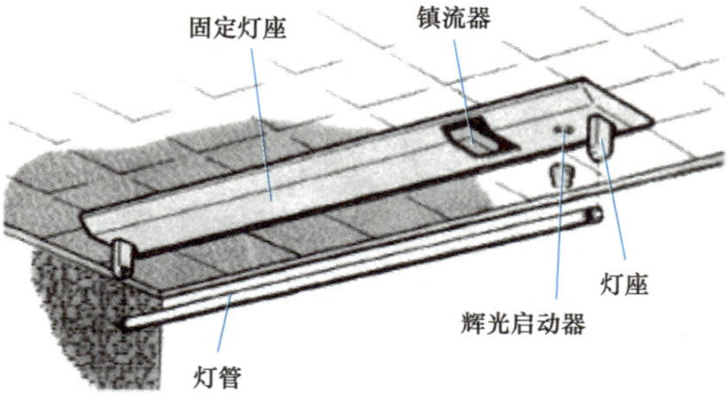

图 9.1.11 荧光灯的结构

2. 荧光灯的工作原理

荧光灯控制电路原理图如图 9.1.12 所示。当荧光灯开关闭合后，电源把电压加在辉光启动器的两极之间，使氖气放电而发出辉光。辉光产生的热量使动触片膨胀伸长，跟静触片接触而把电路接通，于是镇流器的线圈和灯管的灯丝中就有电流通过。

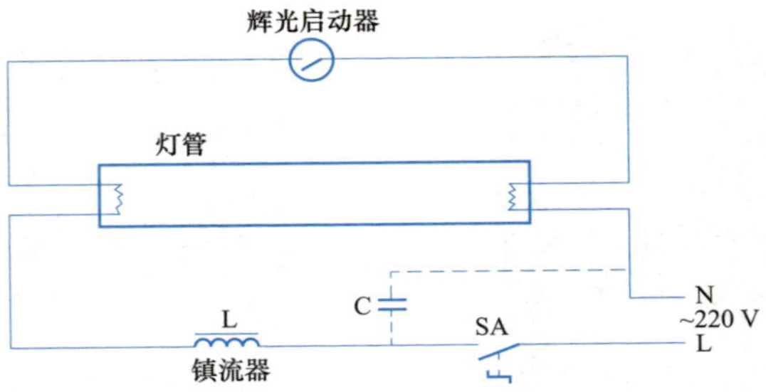

图 9.1.12　荧光灯控制电路原理图

电路接通后，辉光启动器中的氖气停止放电，U 形动触片冷却收缩，两个触片分离，电路自动断开。在电路突然中断的瞬间，由于镇流器中的电流急剧减小，会产生很高的自感电动势，方向与原来电压的方向相同，这个自感电动势与电源电压加在一起，形成一个瞬时高电压，加在灯管两端，使灯管中的气体开始放电，于是荧光灯管成为电流的通路开始发光。

3. 荧光灯电路的安装

（1）固定元器件。将安装荧光灯电路所需的元器件固定在电路板上，如图 9.1.13 所示。

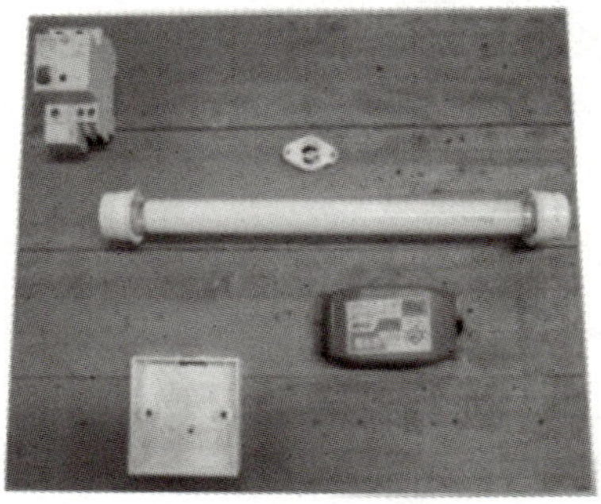

图 9.1.13　荧光灯电路元器件固定

（2）连接辉光启动器座与灯座。将辉光启动器座两端与灯座两端用导线连接，如图 9.1.14 所示。

图 9.1.14　辉光启动器与灯座的连接方法

（3）连接镇流器。将镇流器的一端与灯座连接，另一端与开关连接，如图 9.1.15 所示。

（4）连接灯座一端与低压断路器零线。将灯座的一端与低压断路器零线的出线端连接，如图 9.1.16 所示。

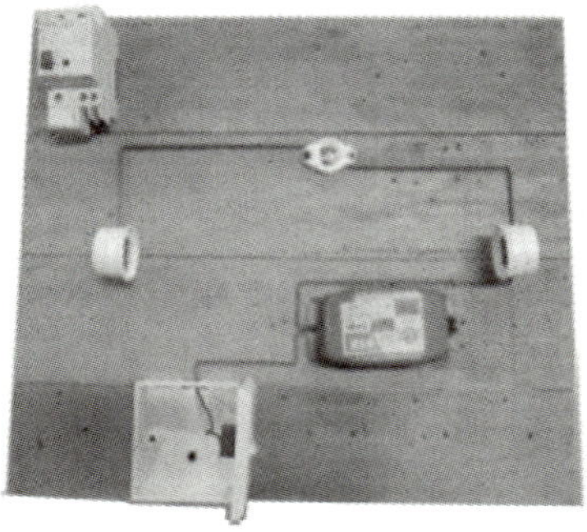

图 9.1.15　镇流器的连接方法

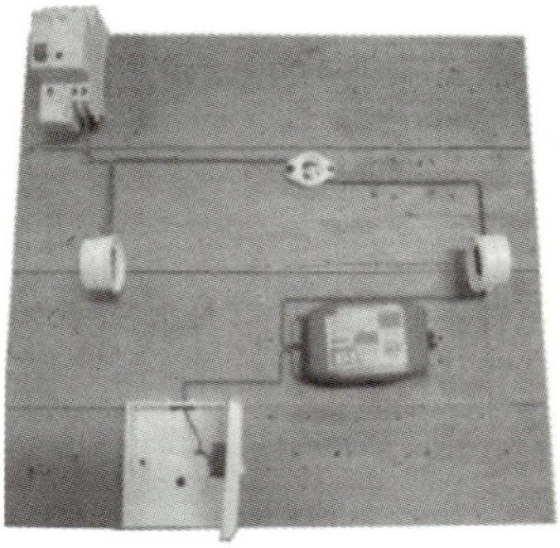

图 9.1.16　灯座与断路器零线的连接方法

（5）连接开关一端与低压断路器火线。将开关的一端与低压断路器火线的出线端连接，如图 9.1.17 所示。

（6）安装辉光启动器、荧光灯管。将辉光启动器装入辉光启动器座中，将荧光灯管装入灯座中，如图 9.1.18 所示。

图 9.1.17　开关与断路器火线的连接方法

图 9.1.18　安装辉光启动器、荧光灯管

任务实施

请根据任务单要求完成实训操作。

<table>
<tr><td>任务名称</td><td colspan="3">照明电路的安装</td></tr>
<tr><td>学生姓名</td><td></td><td>学号</td><td></td></tr>
<tr><td colspan="4">1. 任务内容
1）实训设备与工具
单相交流电源、工艺板、断路器、导线、白炽灯灯座 2 个、单联开关 1 只、双联开关 2 只、万用表、剥线钳、螺丝刀、自攻螺丝。</td></tr>
</table>

续表

2）实训项目

（1）根据下面电路原理图和任务准备中照明电路的安装方法安装电路。

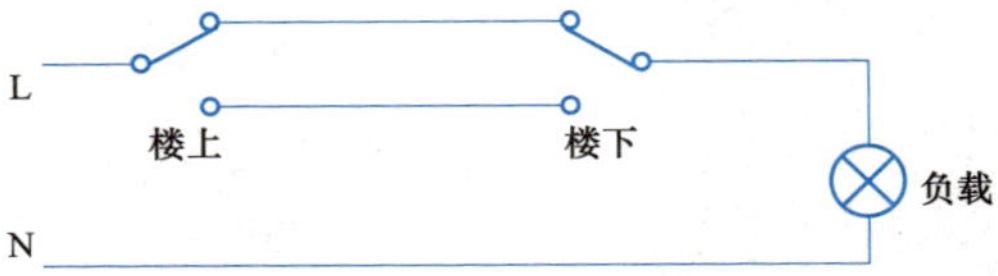

（2）将下图所示的荧光灯控制电路原理图补画完整。

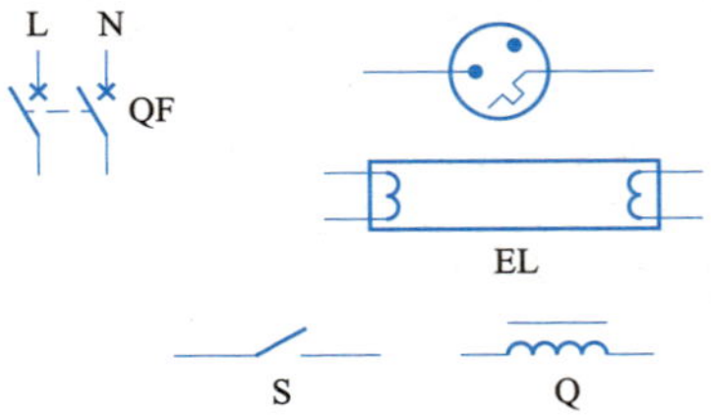

2. 实训操作

（1）操作前对工具、设备、耗材进行检查，包含好坏、数量等。

（2）根据任务准备中照明电路的安装方法完成电路的装配。

（3）补全任务单中荧光灯控制电路原理图。

（4）整理工位。

（5）小组验收和评价，小组长由老师监督实操过程，小组成员由小组长负责监督实操过程。

任务评价

本人、组长、老师分别根据任务完成情况在表 9.1.1 中进行任务评价。

表 9.1.1　任务评价表

序号	操作项目	自评	组评	师评	总评	备注
1	焊接的操作步骤是否正确					
2	焊接工艺是否达标					
3	焊接工具使用是否正确					
4	工位整理					
得分						

任务总结

将本任务实施过程中的收获与问题总结填写在表 9.1.2 中。

表 9.1.2　收获与问题总结表

序号	我学会的	我的疑问	解决办法
1			
2			
3			
4			
5			

存在的问题：

任务 9.2　电动机控制电路分析

任务导入

电动机是将电能转换为机械能的设备，在工业生产中经常作为拖动各种机械设备的动力来源。要想电动机能够按照设备的要求运转，就需要对电动机进行控制。传统的电动机控制方式是利用各种低压电器组成的控制电路，这种称为继电器-接触器控制系统。

任务目标

1. 掌握电动机控制电路的结构。
2. 能够分析电动机控制电路的工作过程。

任务准备

电动机控制电路主要是由电动机和各种低压电器构成的，为了方便设计、识读、沟通交流，国家制定了统一的标准，用统一的图形符号、文字符号和固定的格式来表达电动机控制电路的结构和原理，其中电动机控制电路原理图由于结构简单，层次分明，适用于研究和分析电路工作原理，得到广泛运用。

9.2.1　电动机控制电路原理图遵循的主要原则

（1）电动机控制电路原理图中所有电器元件的图形和文字符号必须采用国家规定的统一标准。

（2）电器元件采用分离画法。同一电器元件的各部件可以不画在一起，但必须用统一的文字符号标注。若有多个同一种类的电器元件，可在文字符号后加上数字序号以示区别，如 KM1、KM2。

（3）所有按钮或触点均按没有外力作用或线圈未通电时的状态画出。

（4）电动机控制电路按通过电流的大小分为主电路和控制电路。主电路包括从电源到电动机的电路，是大电流通过的部分，画在左边；控制电路通过的电流较小，由按钮、电器元件线圈、接触器辅助触点、继电器触点等组成，画在右边。图 9.2.1 所示为电动机控制电路原理图。

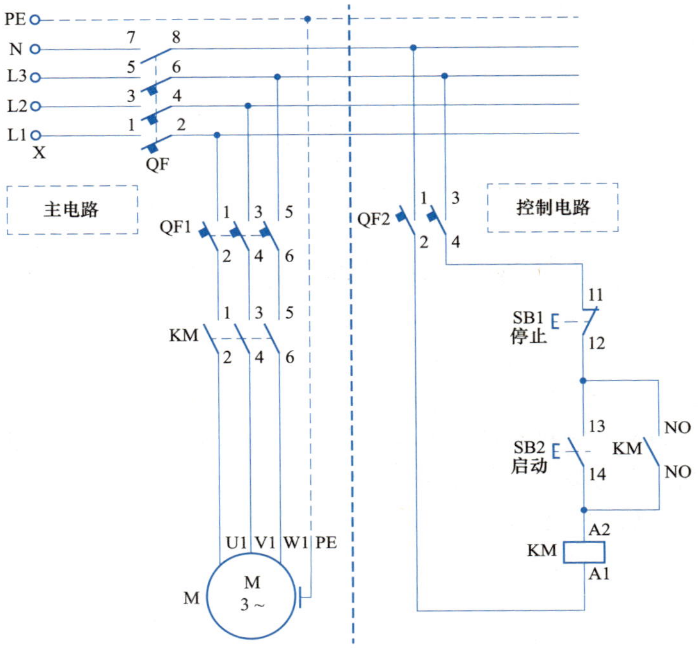

图 9.2.1　电动机控制电路原理图

（5）动力电路的电源电路绘成水平线，主电路则应垂直电源电路画出。

（6）控制电路应垂直地绘在两条或几条水平电源线之间。耗能元件（如线圈、电磁铁、信号灯）应直接接在下面的电源线一侧，而控制触点应接在另一电源线上。

（7）为方便阅图，在图中自左至右、从上而下表示动作顺序，并尽可能减少线条数量和避免线条交叉。

9.2.2　常见电动机控制电路分析

常见电动机控制电路有电动机点动控制电路、电动机自锁控制电路、电动机正反转控制电路等。

1. 电动机点动控制电路

电动机点动控制电路是指按下点动按钮，电动机即旋转，松开按钮电动机即停止的控制电路，如图 9.2.2 所示。

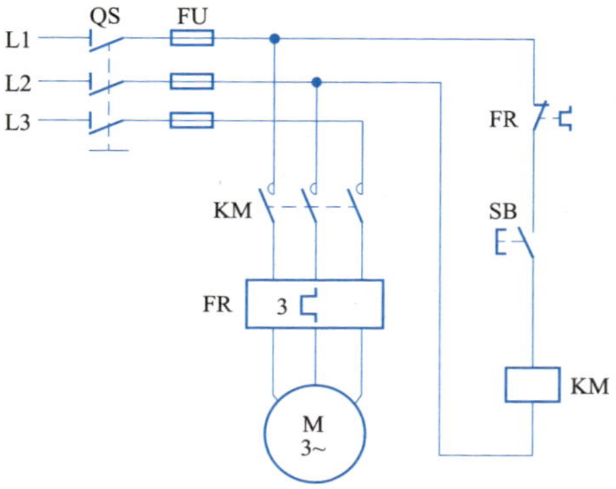

图 9.2.2　电动机点动控制电路

电路的工作原理和操作过程：合上负荷开关 QS，因没有按下点动按钮 SB，交流接触器 KM 线圈没有通电，KM 主触点断开，电动机 M 不通电所以没有启动。按下点动按钮 SB 后，控制电路 KM 线圈通电，主回路动合触点闭合，电动机通电运行。松开点动按钮 SB，按钮在复位弹簧作用下自动复位。控制电路 KM 线圈断电，主电路 KM 主触点恢复到原来的断开状态，电动机停止转动。

2. 电动机自锁控制电路

电动机自锁控制电路又称为电动机连续运转控制电路，它是指在按下启动按钮后电动机启动，若松开按钮电动机仍能够持续通电运转，只有按下停止按钮电动机才会停转的电路，如图 9.2.3 所示。

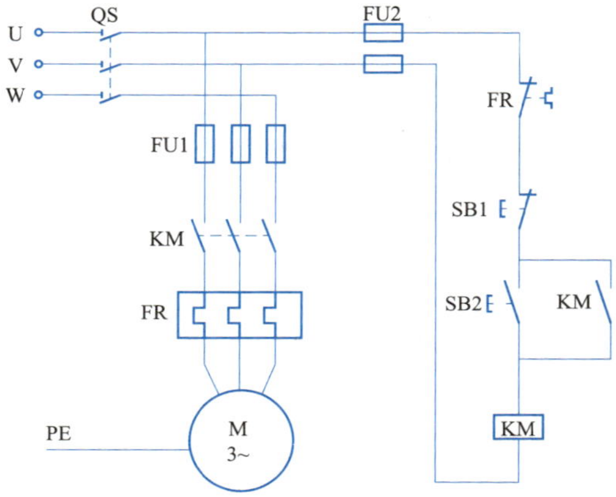

图 9.2.3　电动机自锁控制电路

电路的工作原理和操作过程如下。

1）启动

合上电源开关 QS，按下启动按钮 SB2，交流接触器 KM 线圈通电，主电路 KM 主触点吸合，控制电路 KM 动合辅助触点吸合形成自锁，松开启动按钮后，电流通过 KM 动合辅助触点到达交流接触器线圈，依然形成通路，电动机持续转动。

电路中 KM 动合辅助触点与启动按钮并联，松开启动按钮后，KM 线圈仍能够依靠动合辅助触点保持通电，使电动机持续运转，这一控制方式叫作“自锁”。

2）停止

按下停止按钮 SB1，控制电路断电，交流接触器 KM 线圈断电释放，KM 主触点断开，电动机停转，KM 动合辅助触点断开，自锁解除。

3. 电动机正反转控制电路

许多机械设备需要前进、后退控制，物料小车需要往返于两点之间，这些情况都需要用到电动机正反转控制电路，这是应用最广泛的一种三相异步电动机控制电路，下面以双重互锁控制电路为例进行介绍，如图 9.2.4 所示。

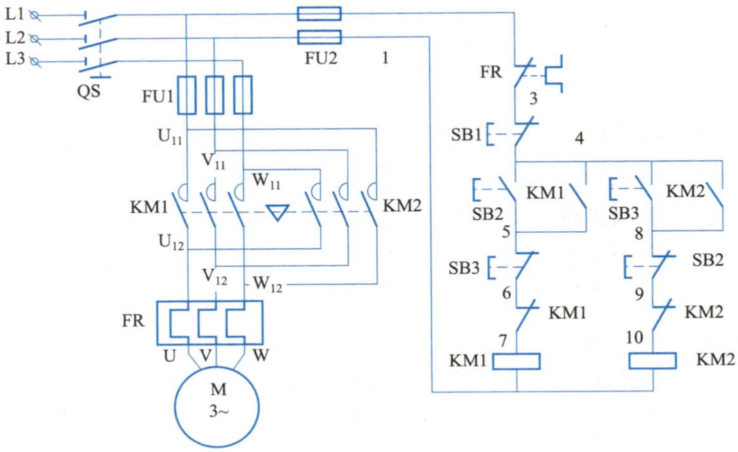

图 9.2.4　电动机双重互锁控制电路

电路的工作原理和操作过程如下。

1）知识回顾

在项目 6 任务 6.2 中介绍了三相异步电动机的反转条件：调换接入三相异步电动机的三相交流电源中任意两相的相序即可。图 9.2.4 中主电路 KM1 主触点和 KM2 主触点交替闭合就能实现交换相序的控制。

2）正转控制

合上电源开关 QS，按下正转启动按钮 SB2，交流接触器 KM1 通电，主电路 KM1 主触点吸合，控制电路 KM1 动合辅助触点吸合形成自锁，电动机持续正转，控制电路 KM1 动断辅助触点断开，KM2 线圈将无法通电。

3）反转控制

按下反转启动按钮 SB3，SB3 动断触点断开，动合触点闭合，KM1 线圈回路断电，KM1 主触点断开，正转停止，KM1 动合辅助自锁解除，动断触点闭合。同时 KM2 线圈回路接通，KM2 线圈得电，主电路 KM2 主触点吸合，电动机反转，控制电路 KM2 动合触点吸合形成自锁，KM2 动断辅助触点断开，KM1 线圈将无法通电。

4）停止控制

按下停止按钮 SB1，控制回路断电，KM1 和 KM2 线圈都将断电，因此主电路也将断电，电动机停止转动。

为了避免出现两相电路短路情况，必须保证 KM1 和 KM2 线圈在任何一个时刻只能接通一个，这种相互制约的控制电路称为“互锁”控制电路。

任务实施

请根据任务单要求完成实训操作。

任务名称	电机控制电路分析		
学生姓名		学号	

1. 任务内容

1）实训设备与工具

实训台、作图工具、笔、纸。

2）实训项目

（1）请补全下图电路，实现电动机正反转控制。

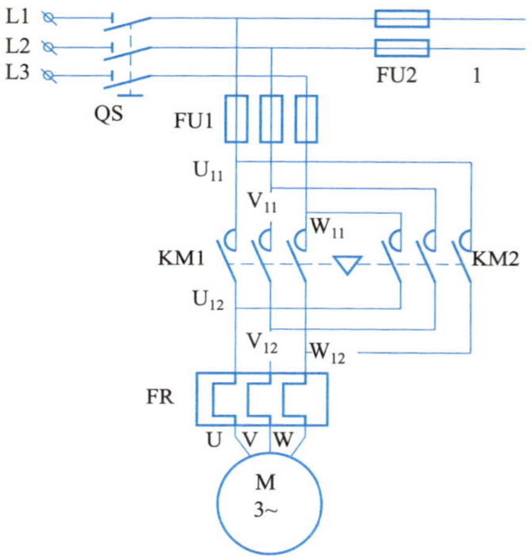

（2）试分析下图电路的工作原理和操作过程。

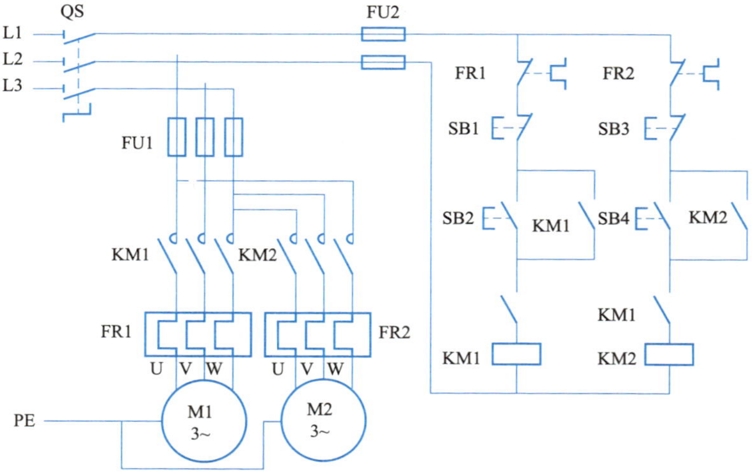

2. 实训操作

（1）操作前对工具、设备、耗材进行检查，包含好坏、数量等。

（2）补全电路原理图。

（3）分析电路图的工作原理和操作过程。

（4）整理工位。

（5）小组验收和评价，小组长由老师监督实操过程，小组成员由小组长负责监督实操过程。

任务评价

本人、组长、老师分别根据任务完成情况在表 9.2.1 中进行任务评价。

表 9.2.1　任务评价表

序号	操作项目	自评	组评	师评	总评	备注
1	电路补全情况					
2	电路原理分析					
3	电路工作过程					
4	工位整理					
得分						

任务总结

将本任务实施过程中的收获与问题总结填写在表 9.2.2 中。

表 9.2.2　收获与问题总结表

序号	我学会的	我的疑问	解决办法
1			
2			
3			
4			
5			

存在的问题：

项目 10　初级电工典型任务实战

任务 10.1　串联型稳压电源的装配与调试

任务导入

电子产品装配与调试是初级电工考核的重要内容之一，主要考核学生是否掌握了电子产品组装操作规范、电子元件测量、电子产品焊接技巧、电子产品检测与调试等基础技能。本任务以串联型稳压电源的装配与调试为例详细介绍电子产品的装配与调试方法。

任务目标

1. 掌握电子产品的装配方法。
2. 掌握电子产品的调试方法。

任务准备

1. 焊接工具准备

（1）组装前先准备好电烙铁、烙铁支架、吸水海绵、吸锡器、焊锡丝、助焊剂、镊子、吸锡器、螺丝刀等焊接工具。

（2）检查电烙铁烙铁头是否完好，清理掉氧化层，通电测试电烙铁加热是否正常，检查完毕以后通电进行预热。

（3）将吸水海绵吸满水放置在烙铁支架上备用。

（4）检查其他工具是否完好。

2. 检测工具准备

准备好万用表和示波器等检测工具，使用前先检查检测工具的好坏和灵敏度，有误差的及时校准。

3. 电路原理图识读

根据焊接套件中提供的电路原理图分析电路工作原理，如图 10.1.1 所示。

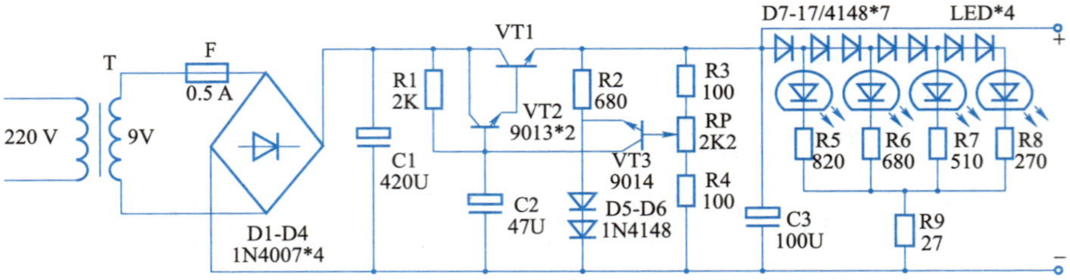

图 10.1.1　串联型稳压电源电路原理图

4. 电子元件清点与检测

（1）根据焊接套件提供的元件清单（见表 10.1.1），对照电路原理图清点元件的规格、型号、数量等。

（2）将各种元件进行分类摆放。

（3）用万用表测量元件的阻值、极性、管脚及性能好坏。

表 10.1.1　元件清单

名称	数量	名称	数量	名称	数量	名称	数量
R　27	1	R　2K	1	M5 LED	4	电路板	1
R　100	2	C　470U	1	9014	1	3*10 丝杆	2
R　270	1	C　47U	1	9013	2	M3 螺母	2
R　510	1	C　100U	2	保险管	1	变压器	1
R　680	2	1N4007	4	保险卡	2	电源线	1
R　820	1	1N4148	9	电位器	1	图纸	1

任务实施

1. 串联型稳压电源的装配

1）总体要求

安装之前先将元件引脚成型。然后，按先低后高、先小后大、先轻后重的原则，安装焊接。如有跨接线的应先安装焊接跨接线，后安装电阻，电阻安装焊接时应贴紧线路板，尽量避免悬空安装。二极管的安装应注意极性，绝对不能装错。经认真核对无误后再焊接，并将反面多余的引脚剪去，用镊子对跨接线、电阻进行整形，做到横平竖直。接着再把其他的元件按先低后高、先小后大、先轻后重的原则，安装焊接到电路板上。但应注意立式安装元件的引脚高度，如果引脚高度过高很容易造成交织短路。对于功率管应事先将功率管与散热片的螺丝拧紧，再插入相应的孔位，焊接时应保持散热片与线路板贴紧。同时也应注意电容器的正负极性、晶体管的脚位、微调电位器的中点可调脚位是否正确，要求线路板上的元件排列整齐，不能东倒西歪，在焊接过程中要保持电路板的清洁，焊锡用量要适中不能太多，焊点光滑无虚焊、搭焊和漏焊。

2）装配步骤

（1）先将二极管按图 10.1.2 所示插入对应的位置，注意极性不要插反，焊接前元件要插到底，然后焊接并剪掉多余引脚。

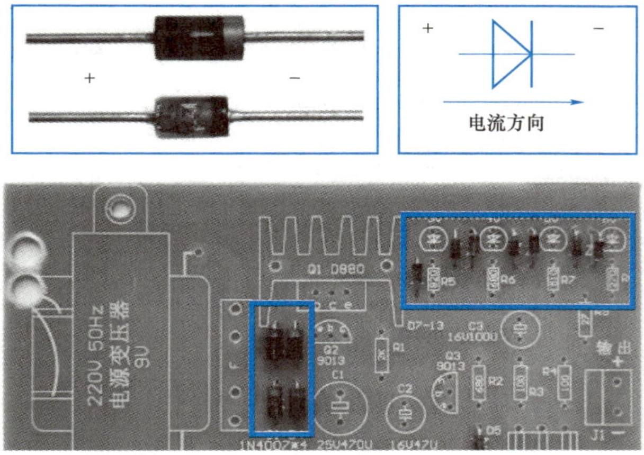

图 10.1.2　二极管的装配

（2）认清色环电阻阻值，将电阻插入对应的位置焊接，并剪掉多余引脚，如图 10.1.3 所示，注意电阻不分正负极。

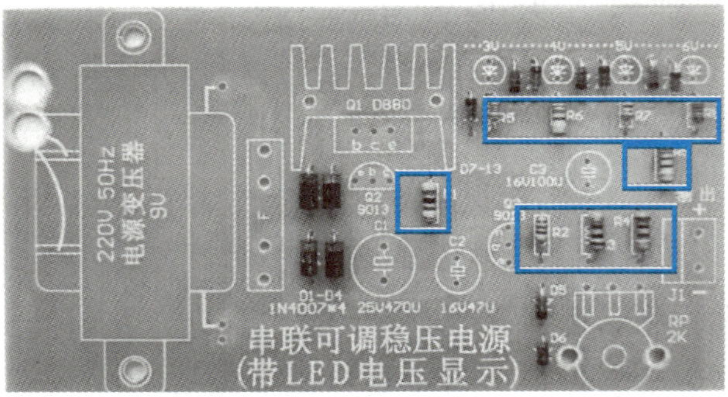

图 10.1.3　电阻的装配

（3）将发光二极管、电解电容、三极管插入电路板对应位置，注意极性不要插反，焊接并剪掉多余引脚，如图 10.1.4 所示。然后将保险管支架插入电路板焊接，最后装上保险管。

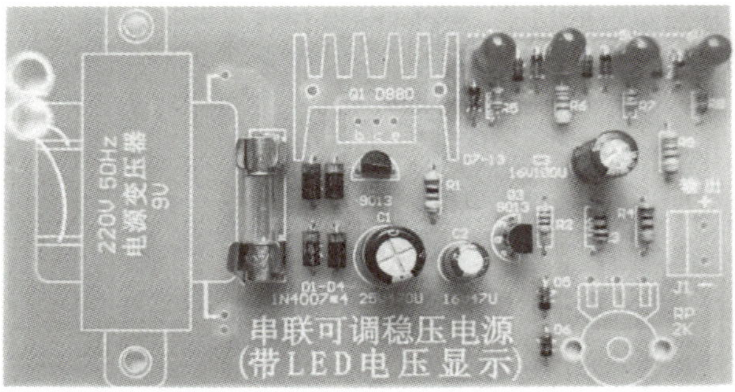

图 10.1.4　带极性元件和保险管的装配

注意发光二极管长引脚为正极、短引脚为负极，灯体内部大面积支架为负极、小面积支架为正极，电路板发光二极管的图标平的一面是负极，如图 10.1.5 所示。

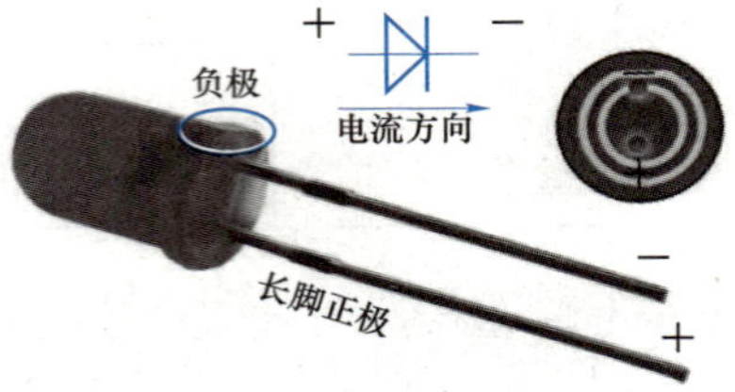

图 10.1.5　发光二极管的极性判断

电解电容长引脚是正极、短引脚是负极，电路板图标带有横线阴影的部分是负极，如图 10.1.6 所示。

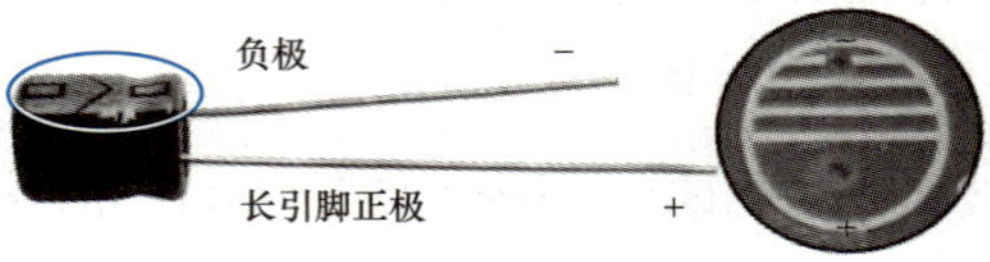

图 10.1.6　电解电容极性判断

（4）先将 D880 与散热片用螺丝拼装在一起，再插入电路板焊接，然后将电位器和接线端子插入电路板焊接，剪掉多余引脚，如图 10.1.7 所示。

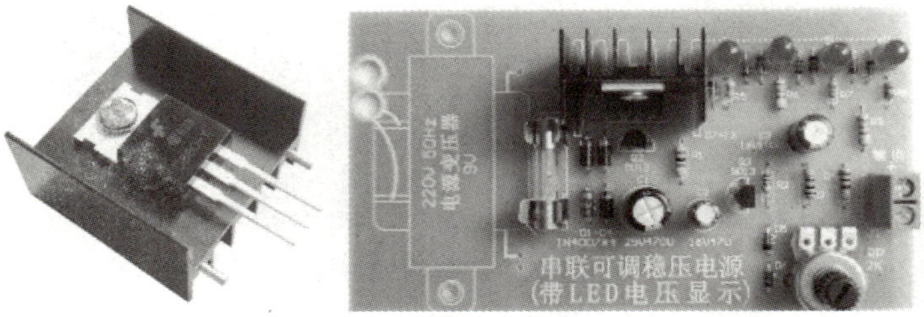

图 10.1.7　剩余元件的安装

（5）变压器的安装，变压器红色为输入端、蓝色为输出端，将输出端焊接到电路板上，然后将变压器用螺丝固定在电路板上，将塑料旋流器插在电位器上，如图 10.1.8 所示。

图 10.1.8　变压器的安装

（6）将热缩管先套入变压器红色线，然后将电源线线头和变压器红色线头焊接在一起，再用绝缘热缩管将接口裹住，用火机烧热缩管使其裹紧，如图 10.1.9 所示。

图 10.1.9　电源线的连接

（7）仔细检查每个焊点，焊点要圆润、整洁、牢固，不要有虚焊、露铜、露孔现象，检查确定无误后再插电测试，如图 10.1.10 所示。

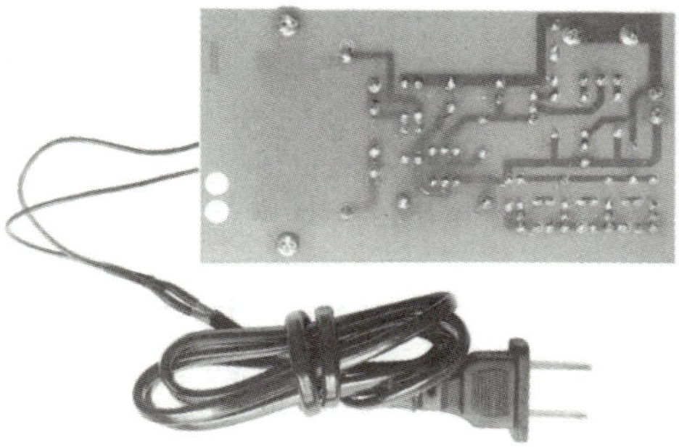

图 10.1.10　焊点检查

2. 串联型稳压电源的调试

1）变压器输出电压测量

将电源插头插入 220 V 电源插座通电，利用万用表的直流电压挡测量变压器输出端电压是否正确（9 V）。

2）用示波器测量串联型稳压电源输出波形

将电路板输出端（J1）连接示波器，旋钮电位器，观察波形变化情况（3～6 V）。

3）观察 LED 灯变化情况

旋钮电位器，观察 LED 发光二极管是否依次被点亮。

3. 串联型稳压电源装配与调试实操

在老师处申领焊接套件，按照上述装配与调试方法完成串联型稳压电源的装配与调试任务。

任务评价

本人、组长、老师分别根据任务完成情况在表 10.1.2 中进行任务评价。

表 10.1.2　任务评价表

序号	操作项目	自评	组评	师评	总评	备注
1	元件清点与检测					
2	电路装配					
3	电路调试					
4	工位整理					
得分						

任务总结

将本任务实施过程中的收获与问题总结填写在表 10.1.3 中。

表 10.1.3　收获与问题总结表

序号	我学会的	我的疑问	解决办法
1			
2			
3			
4			
5			

存在的问题：

____

____

____

任务 10.2　配电板的安装

任务导入

在供配电系统中的末端通常按使用途径不同而分成两个系统：一个是民用照明配电系统；另一个是工业生产的动力电系统。用于照明配电的电路板称为照明配电板，用于动力电配电的电路板称为动力配电板，也称为三相电源配电板。本任务主要介绍这两类配电板的安装方法。

任务目标

1. 掌握照明配电板的安装方法。

2. 掌握三相电源配电板的安装方法。

任务准备

10.2.1　照明配电板

1. 照明配电板的组成

照明配电板主要由低压断路器、单相电能表、分路开关、中性线接线排、地线接线排和导线组成，如图 10.2.1 所示。

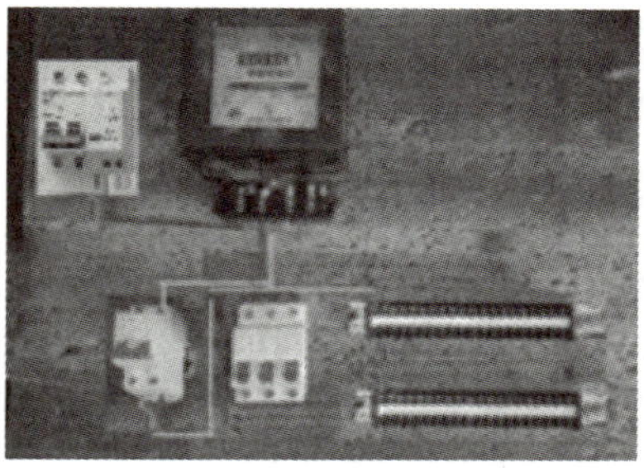

图 10.2.1　照明配电板

2. 电路原理图与电气安装图

照明配电板电路原理图［见图 10.2.2（a）］是分析电路工作原理和设计相关参数的重要依据，也是转化电气安装图［见图 10.2.2（b）］的重要资料。

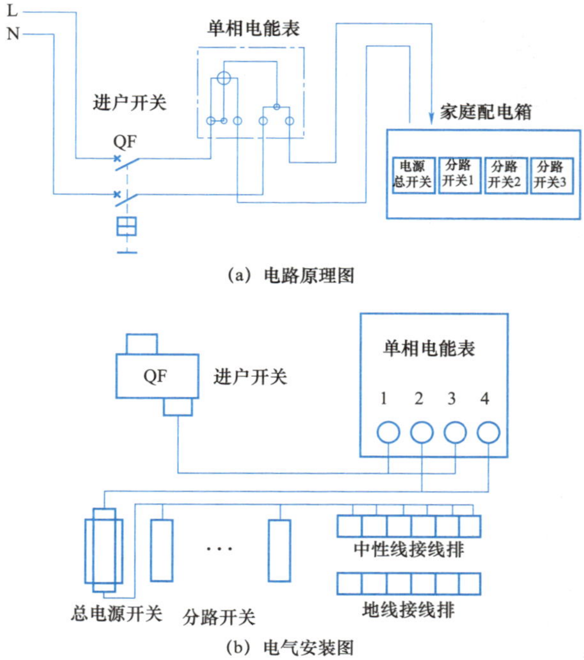

图 10.2.2　照明配电板电路原理图与电气安装图

3. 设备与耗材清单

安装照明配电板的设备与耗材清单见表 10.2.1。

表 10.2.1　安装照明配电板的设备与耗材清单

序号	图示	名称	数量	参数	作用
1		木板	1	300 mm×400 mm	作为安装电器设备的基板
2		两级（2P）断路器	1	DZ47LE	作为电源进户开关
3	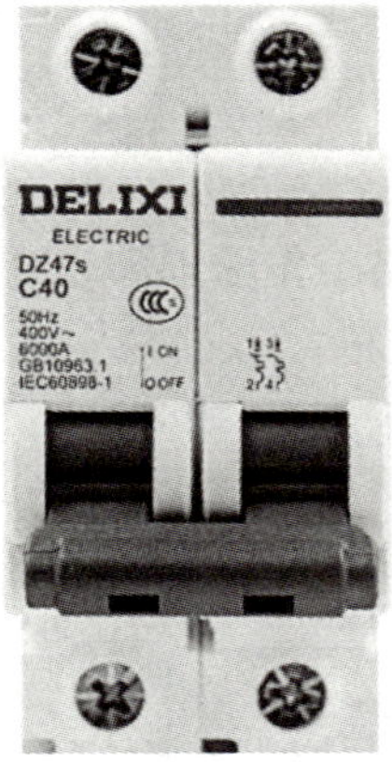	两级（2P）断路器	1	DZ47	作为电源总开关
4	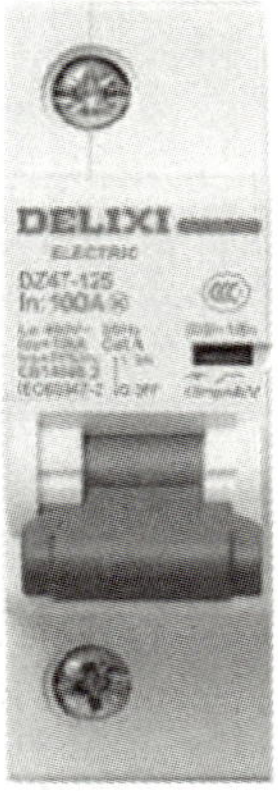	单级（1P）断路器	3	DZ47	作为分路开关

续表

序号	图示	名称	数量	参数	作用
5	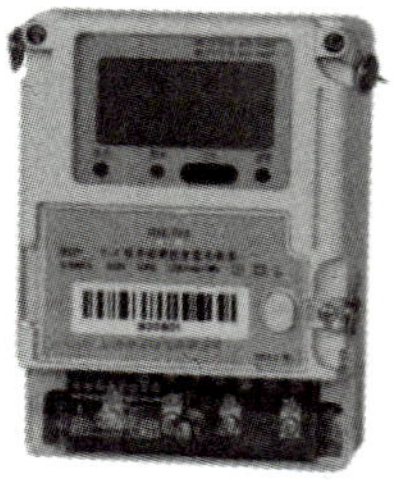	单相电能表	1	220 V/0.4–1（100）A	作为电能计费装置
6	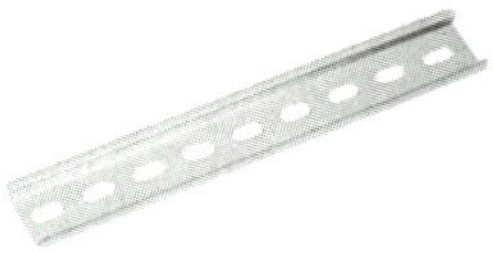	导轨	1	15 cm×35 mm	固定安装断路器
7	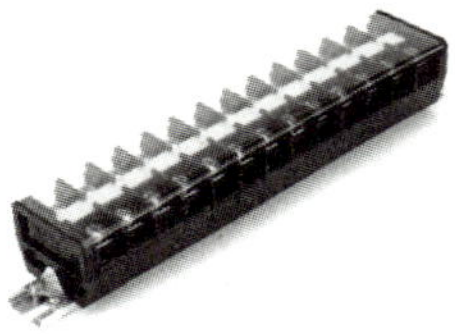	端子排	2	TD1515	中转线路
8		地线接线排	1	2×15–5	安装地线
9		导线	若干	BV–2	连接电器

10.2.2 三相电源配电板

三相电源配电板是常见的配电设备，可以方便、灵活地接入三相交流电、单相交流电。按照所用的三相电能表的接入方式不同，可以分为直接接入式和带电流互感器接入式两种，直接接入式和单相电能表的接线方法相似，这里不做重复介绍，重点介绍三相四线制带电流互感器接入式，如图 10.2.3 所示。

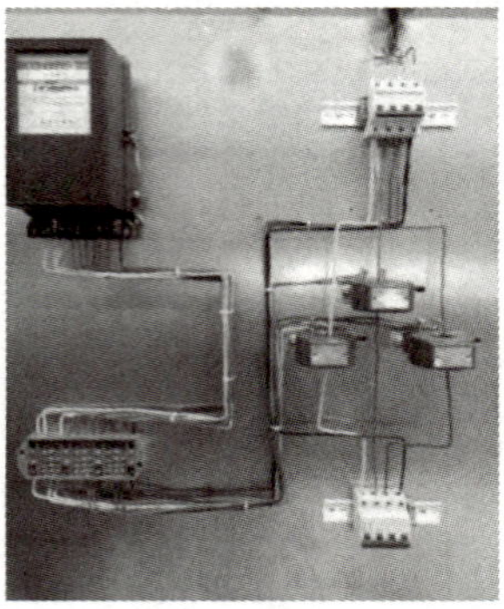

图 10.2.3　三相四线制带电流互感器接入式

1. 三相电源配电板的组成

三相电源配电板主要由三相四线制电能表、隔离开关、断路器、电流互感器、导线等组成。

2. 电路接线图

三相电源配电板电路接线图如图 10.2.4 所示。

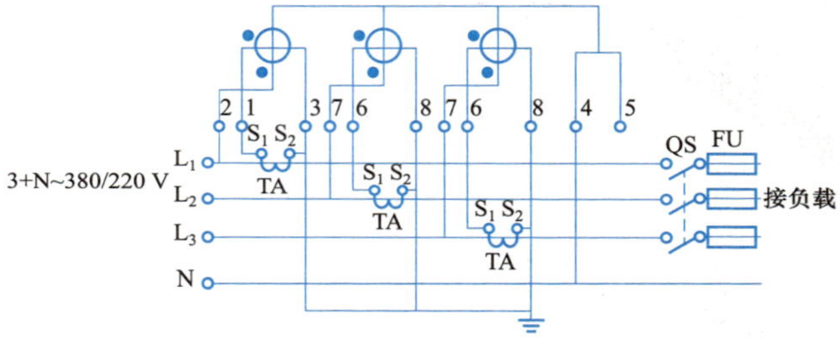

图 10.2.4　三相电源配电板电路接线图

3. 设备与耗材清单

安装三相电源配电板的设备与耗材清单见表 10.2.2。

表 10.2.2　安装三相电源配电板的设备与耗材清单

序号	图示	名称	数量	参数	作用
1		木板	1	600 mm×800 mm	作为安装电器设备的基板
2	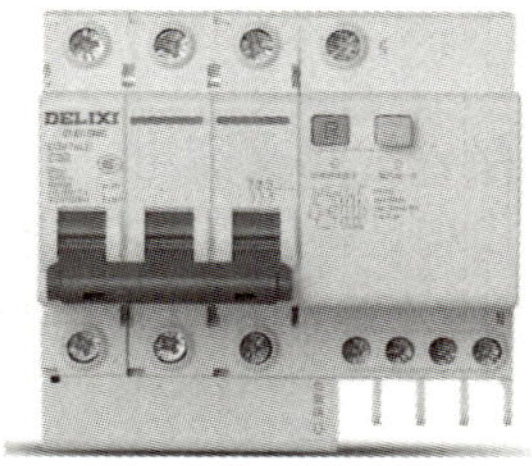	三项四级带漏保断路器	1	DZ47LE	作为电源进户开关

续表

序号	图示	名称	数量	参数	作用
3	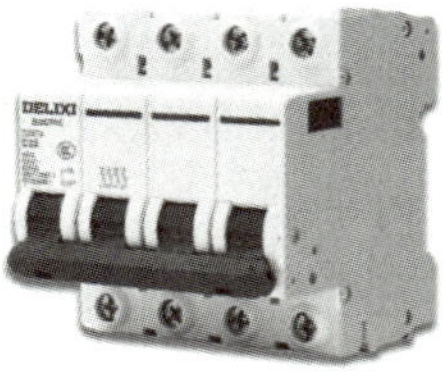	三项四级断路器	1	DZ47	作为电源总开关
4		电流互感器	3	0.66 50/5 A	提高电能计量的准确度和稳定性
5		三相四线制电能表	1	DT2341	作为电能计费装置
6	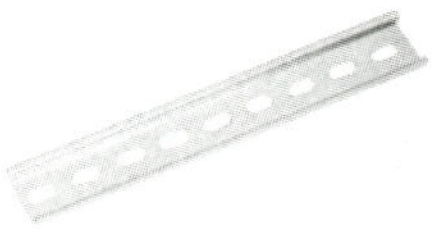	导轨	2	15 cm×35 mm	固定安装断路器
7	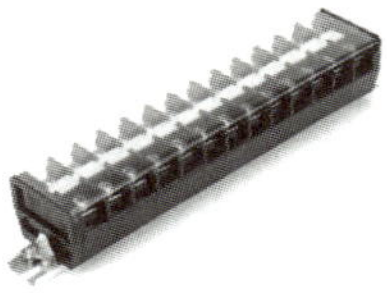	端子排	2	TD1515	中转线路
8		地线接线排	1	2×15−5	安装地线
9		导线	若干	BV−4	连接电器

任务实施

1. 照明配电板的安装

（1）根据照明电路配电板的安装需求，准备好螺丝刀、剥线钳、自攻螺丝等安装工具。

（2）根据表 10.2.1 耗材清单，领取安装所需耗材，并检查好坏。

（3）根据图 10.2.2（b）所示安装图，将所需的元件设备安装到木板上，固定牢固。

（4）按所设计的照明配电板配线图，正确、规范配线。

① 将低压断路器的两个出线端分别与单相电能表 1、3 进线端连接。

② 将单相电能表 2、4 出线端与电源总开关的进线端连接。

（5）配线

① 将电源总开关出线端的 L 线与分路开关连接，将 N 线与中性线接线排连接。

② 检查配线。照明配电板安装完成后，根据照明配电板电路原理图，从进户开关出线端开始，逐根核对配线有无漏接、错接之处，检查导线接点是否符合要求，导线走线有无做到横平竖直，压接是否牢固，以免在负载运行时产生闪弧现象。

③ 照明配电板检查完成后，再将进户开关电源进线端与进户电源连接。

2. 三相电源配电板的安装

（1）根据三相电源配电板的安装需求，准备好螺丝刀、剥线钳、自攻螺丝等安装工具。

（2）根据表 10.2.2 耗材清单，领取安装所需耗材，并检查好坏。

（3）根据三相电源配电板电气安装图（见图 10.2.5），将所需的元件设备安装到木板上，固定牢固。

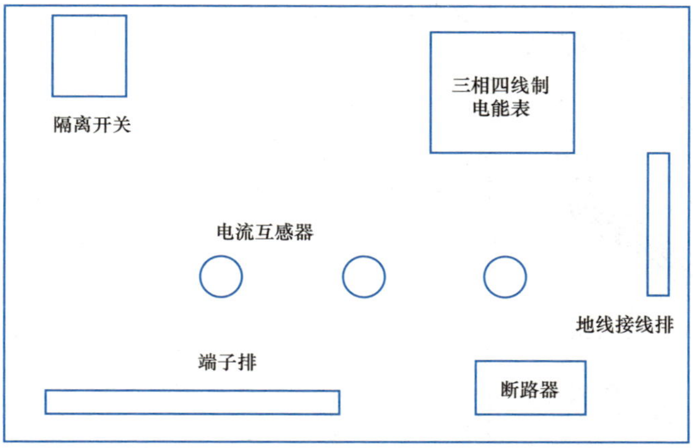

图 10.2.5　三相电源配电板电气安装图

（4）电源进线端从隔离开关引出。

（5）翻过三相四线制电能表接线端子盖，就可以看到三相四线制电能表接线图，如图 10.2.6 所示。其中 1、4、7 接电流互感器二次侧 S1 端，即电流进线端；3、6、9 接电流互感器二次侧 S2 端，即电流出线端；2、5、8 分别接三相电源；10、11 是接零端。为了安全，应将电流互感器 S2 端连接后接地。需要注意的是各电流互感器的电流测量取样必须与其电压取样保持同相，即 1、2、3 为一组，4、5、6 为一组，7、8、9 为一组。

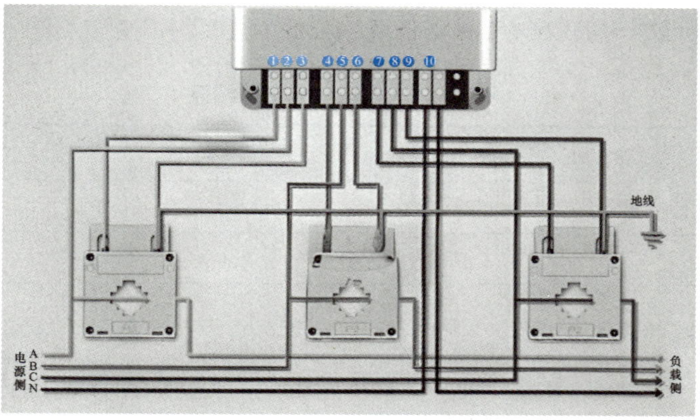

图 10.2.6　三相四线制电能表接线图

A 黄线，电压线接入 2 号口，电流线经过第 1 个电流互感器 S1 接入 1 号口输入，S2 接入 3 号口输出。

B 绿线，电压线接入 5 号口，电流线经过第 2 个电流互感器 S1 接入 4 号口输入，S2 接入 6 号口输出。

C 红线，电压线接入 8 号口，电流线经过第 3 个电流互感器 S1 接入 7 号口输入，S2 接入 9 号口输出。

N 黑线一般代表零线，直接接入 10 号口。

（6）将负载端出线接进断路器，最后可将断路器输出线引入端子排。

（7）检查配线。三相电源配电板安装完成后，根据三相电源配电板电路接线图，从隔离开关出线端开始，逐根核对配线有无漏接、错接之处，检查导线接点是否符合要求，导线走线有无做到横平竖直，压接是否牢固，以免在负载运行时产生闪弧现象。

（8）拆卸控制板导线，整理工具，清扫实训台。

任务评价

本人、组长、老师分别根据任务完成情况在表 10.2.3 中进行任务评价。

表 10.2.3　任务评价表

序号	操作项目	自评	组评	师评	总评	备注
1	元件安装					
2	线路安装					
3	工艺要求					
4	工位整理					
得分						

任务总结

将本任务实施过程中的收获与问题总结填写在表 10.2.4 中。

表 10.2.4　收获与问题总结表

序号	我学会的	我的疑问	解决办法
1			
2			
3			
4			
5			

存在的问题：

____

____

____

任务 10.3　电动机控制电路的安装

任务导入

电动机控制电路广泛应用于各种机械设备中，如汽车、机床、制造业等领域。通过对电动机的精确控制，可提高生产效率和产品质量。同时电动机控制电路的安装也是初级电工考试的重要内容之一。本任务将以电动机点动与连续控制电路的安装为例，介绍电动机控制电路的安装方法。

任务目标

1. 掌握电动机控制电路的元件安装方法。
2. 掌握电动机控制电路的线路安装方法。

任务准备

1. 安装工具的准备

在操作之前需要先准备好安装工具，电动机控制电路安装过程中需要用到剥线钳、压线钳、验电笔、螺丝刀、万用表等常用电工工具。

2. 实训电器和耗材的准备

安装点动与连续控制电路所需要用到的电器和耗材清单见表 10.3.1。

表 10.3.1　电器和耗材清单

序号	图示	名称	数量	型号参数
1		三相断路器	1	DZ47
2	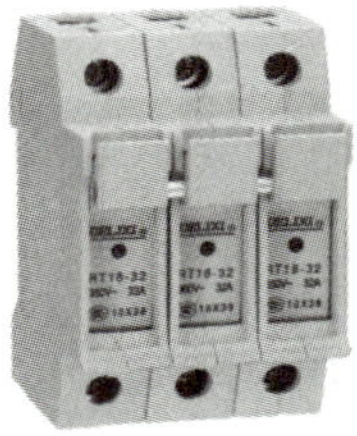	熔断器	5	RT18-32
3		交流接触器	1	CJX2-1810
4		热继电器	1	JR36-20
5	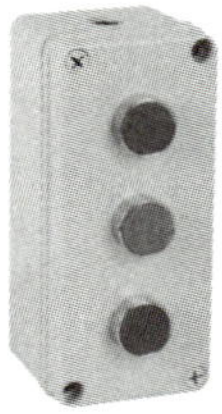	按钮	3	三合一包含按钮盒
6	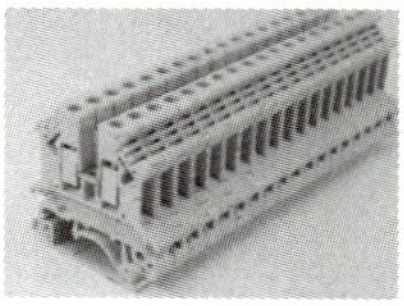	端子排	若干	略
7		线槽	若干	30 mm×25 mm
8	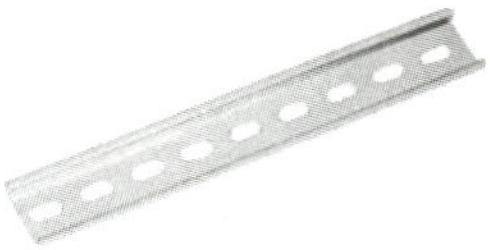	导轨	2	15 mm×35 mm

续表

序号	图示	名称	数量	型号参数
9		冷压端子	若干	1.2/1.5 mm²
10		号码管	若干	1.2/1.5 mm²
11		导线	若干	粗线采用 BVR1.5 mm²（黑色）塑铜线约 10 m，控制电路采用 BVR1 mm²（红、黄、绿）塑铜线约 5 m，接地线采用 BVR1.5 mm²（黄绿双色）塑铜线
12		木板	1	60 cm×80 cm

3. 资料准备

安装前所需的相关资料包括用于分析电路原理的电路原理图［见图 10.3.1（a）］，根据电路原理图可以转化为电气安装图［见图 10.3.1（b）］，方便安装。

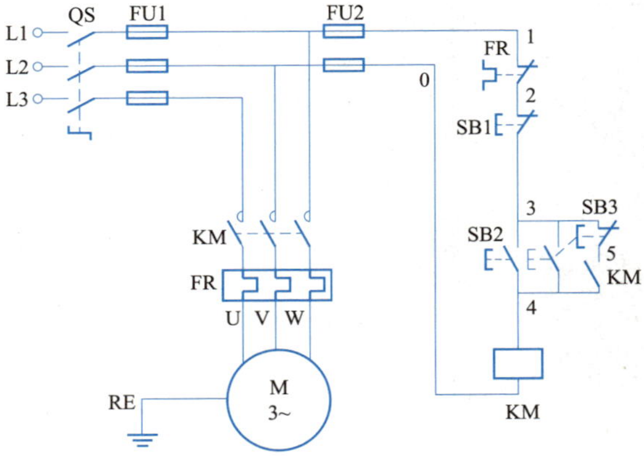

(a) 电路原理图

图 10.3.1　电路原理图和电气安装图

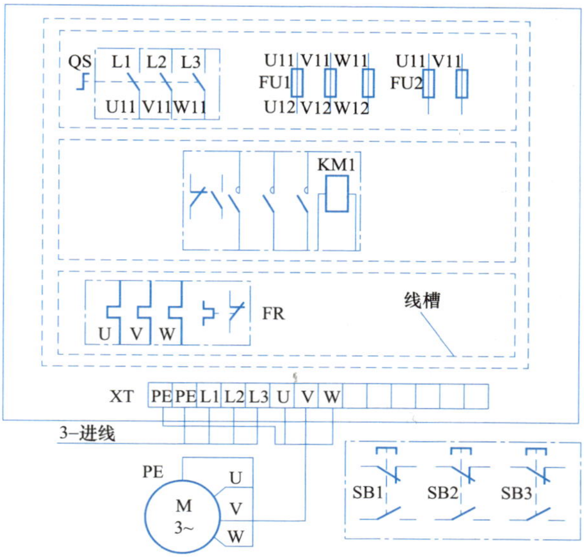

(b) 电气安装图

图 10.3.1　电路原理图和电气安装图（续）

任务实施

1. 元件安装

根据电气安装图在木板上安装线槽和元件设备，并贴上文字符号。安装时应做到横平竖直、排列整齐、安装牢固、方便走线等。

2. 线路安装

按电路原理图进行板前线槽配线，并在导线端部套号码管和压接冷压端子。安装过程中要注意以下内容。

（1）布线时，严禁损伤线芯和导线绝缘；导线线芯与冷压端子处露铜长度应小于 1 mm，且不应有导线毛刺。

（2）各元件接线端子上引入或引出的导线，除间距很小和元件机械强度很差允许直接架空敷设外，其他导线必须穿入线槽进行敷设。

（3）进入线槽内的导线要完全置于线槽内，尽量避免交叉，装线不要超过其容量的 70%。

（4）各元件与线槽之间的外露导线，应走线合理，并尽可能做到横平竖直，变换走向要垂直。

（5）一个接线端子上最多只能压接两根导线端头。所有接线端子、导线端头上都应套有与电路原理图上一致的号码管，并按线号进行连接，连接必须牢固。

3. 自检

（1）利用万用表根据电路原理图检验控制板内部布线的正确性。

（2）连接保护地线、电动机和电源线等控制板外部的导线。

（3）检查无误后通电试验。如果通电实验不成功，重复上述步骤，直到通电成功为止。

4. 整理工作

拆卸控制板内、外部的导线，整理工具，清扫实训台。

任务评价

本人、组长、老师分别根据任务完成情况在表 10.3.2 中进行任务评价。

表 10.3.2　任务评价表

序号	操作项目	自评	组评	师评	总评	备注
1	元件安装					
2	线路安装					
3	工艺要求					
4	电路检测					
5	工位整理					
得分						

任务总结

将本任务实施过程中的收获与问题总结填写在表 10.3.3 中。

表 10.3.3　收获与问题总结表

序号	我学会的	我的疑问	解决办法
1			
2			
3			
4			
5			

存在的问题：________________________________

____

____

参考文献

［1］阎伟．电工（初级）［M］．北京：机械工业出版社，2021．
［2］沈柏民，林如军．电工技术实训［M］．北京：机械工业出版社，2022．
［3］王春霞，朱延枫，王俊生．电子元器件手工焊接技术［M］．北京：机械工业出版社，2020．
［4］王玺珍，赵承荻．电机与电气控制技术［M］．6版．北京：高等教育出版社，2022．